SCIENCE

岩波科学ライブラリー 191

なぜ地球だけに陸と海があるのか

地球進化の謎に迫る

巽 好幸

岩波書店

まえがき

「地球は青かった」。ユーリイ・ガガーリンが残したとされるこの言葉は、彼にまつわるさまざまな噂はさておき、惑星地球の特徴を見事に表現している。太陽光が四五〇〜五〇〇ナノメートル（1 nm＝10^{-9} m）の波長をもつ光、すなわち青系統の光を多く含んでいること、そして地球表面の七割をおおう海水がこの波長の光を相対的に吸収しにくいこと――これらが原因で、宇宙空間から地球は青く見える。つまり、青い地球は水惑星地球の象徴ということができよう。

確かに水の存在は、地球の進化に決定的な影響を与えてきた。よく知られているように、地球最初の生命は、今から約三五億〜三八億年前に、原始海洋で熱水が湧き出す場所で誕生したらしい。つまり、水がなければ生命は生まれなかった。また、同じ地球型惑星である金星や火星の大気に比べて圧倒的に二酸化炭素に乏しい地球大気は、生物による光合成に加えて、二酸化炭素が海水に溶け込み、炭酸塩として岩石に固定された結果としてできたものである。さらには、地球の変動を支配するプレートテクトニクスは、地表をおおう硬い「蓋《ふた》」

が水を含むために弱くなるからこそ作動可能なのである。水が存在しない金星では、ガチガチの蓋の下でマントルがせっせと対流するだけで、決して蓋がプレートとなって移動することはないのだ。

したがって、惑星地球の水と海洋の起源は、間違いなく地球科学における最も根本的な問題の一つである。

一方ここで、ぜひとも注目していただきたいことがある。それは、地球表面の海以外の三割は「陸（大陸）」でおおわれていることだ。

地球には地形的に高い大陸が存在するからこそ、低地に水が集まって海をつくっている。つまり海と陸はまさに、相補的な関係だ。したがって、海洋と大陸の起源は表裏一体であり、これらは包括的に理解されなければいけないのである。

わたしは現在、独立行政法人海洋研究開発機構（JAMSTEC）に籍を置いている。そして専門は「マグマ学」。地球内部の物質が融けてできたマグマを調べることで、地球の進化を探っている。

こんなわたしによく投げかけられる質問の一つは、海の研究所にいる理由だ。そう、確かにわたしは海そのものの研究をしているわけではない。しかし、わたしたちは海の底や島々の地形や構造、そしてこれらを構成する岩石、とくにマグマが冷え固まってできた火成岩の特性を調べることによって、「海の中で大陸が生まれる」という仮説をつくり上げたのだ。

このまるで禅問答のような仮説はどのようなものか、その仮説からどのような地球の進化史が予想されるのか、そして、仮説検証のためには何をすればよいのか。これらを紹介することが、この本の目的だ。

さあ、それでは、水惑星地球の進化を、大陸の起源というキーワードで眺めていくことにしよう。

目 次

1 プロローグ——陸惑星地球

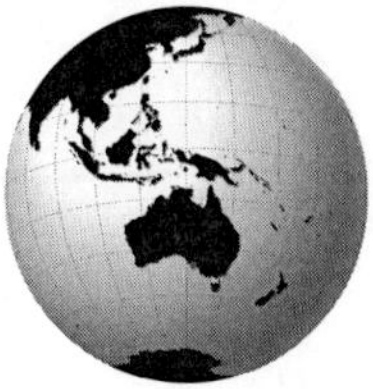

地球は、太陽系で唯一、その表面に液体の水を湛《たた》える惑星である。「水惑星」とよばれる所以だ。しかしながら、海は一様にこの惑星の表面をおおっているわけではない。地球には高地が存在し「陸」を形成している。見方を変えると、この惑星は「陸惑星」ということもできるのだ。まず、この逆説的な特徴を実感していただくことにしよう。

地球——大陸をもつ太陽系唯一の惑星

太陽系の中で地球型惑星に分類される星——水星、金星、地球、火星——は、パンの外皮を意味するクラスト(crust)とよばれる固い表面をもっている。ゆで卵にたとえると、殻の部分だ。地球のクラストは「地殻」と訳される。顔の皺《しわ》が人生の証といわれるように、クラストの皺、つまり地形はその星の変動史の記録ということができよう。

これまでに、メッセンジャー、パイオニア・ビーナス、マーズ・グローバル・サーベイヤーなどの探査機が行ったレーダー観測に基づいて、ほかの地球型惑星の地形についても相当くわしく解析されている。図1－1に、これらの地形解析によって得られた高度分布を示す。地球の場合、高度は海抜で示されるが、海水が存在しないほかの惑星については、ある基準面からの相対高度を用いている。

この比較からまず気づくことは、一つの高度ピークを示す水星・金星と、二つのピークをもつ地球・火星とのコントラストである。地球の場合、この二つの高度ピークは平均高度約八五〇メートルの大陸と、平均水深三八〇〇メートルの海に相当する。

火星は、地球型惑星の中で最も地形的な高低差が大きい。最高地点は太陽系最大の火山であるオリンポス山(基準面から二万七〇〇〇メートル)、最低地域はヘラス盆地の底部でありこれらの差は三〇キロメートルを超える。ちなみに地球表面での最大高低差は、二〇キロメートルに満たない。火星における最大の地形的特徴の一つは、低い北半球と高い南半球、平均すると五〇〇〇メートルにもおよぶ高度差だ。この原因として、クラストの厚さと組成の違い、北半球への巨大隕石衝突によるクラストのはぎ取りなどが議論されてきた。

この特徴的な地形のでき方を理解する上で重要な事実は、火星の質量中心と形状中心が一致しないことである。すなわち火星の形に最もよく一致する楕円体の中心は、質量中心から南極方向へ二九八六メートルずれている。これが南半球と北半球の高度差を引き起こしてい

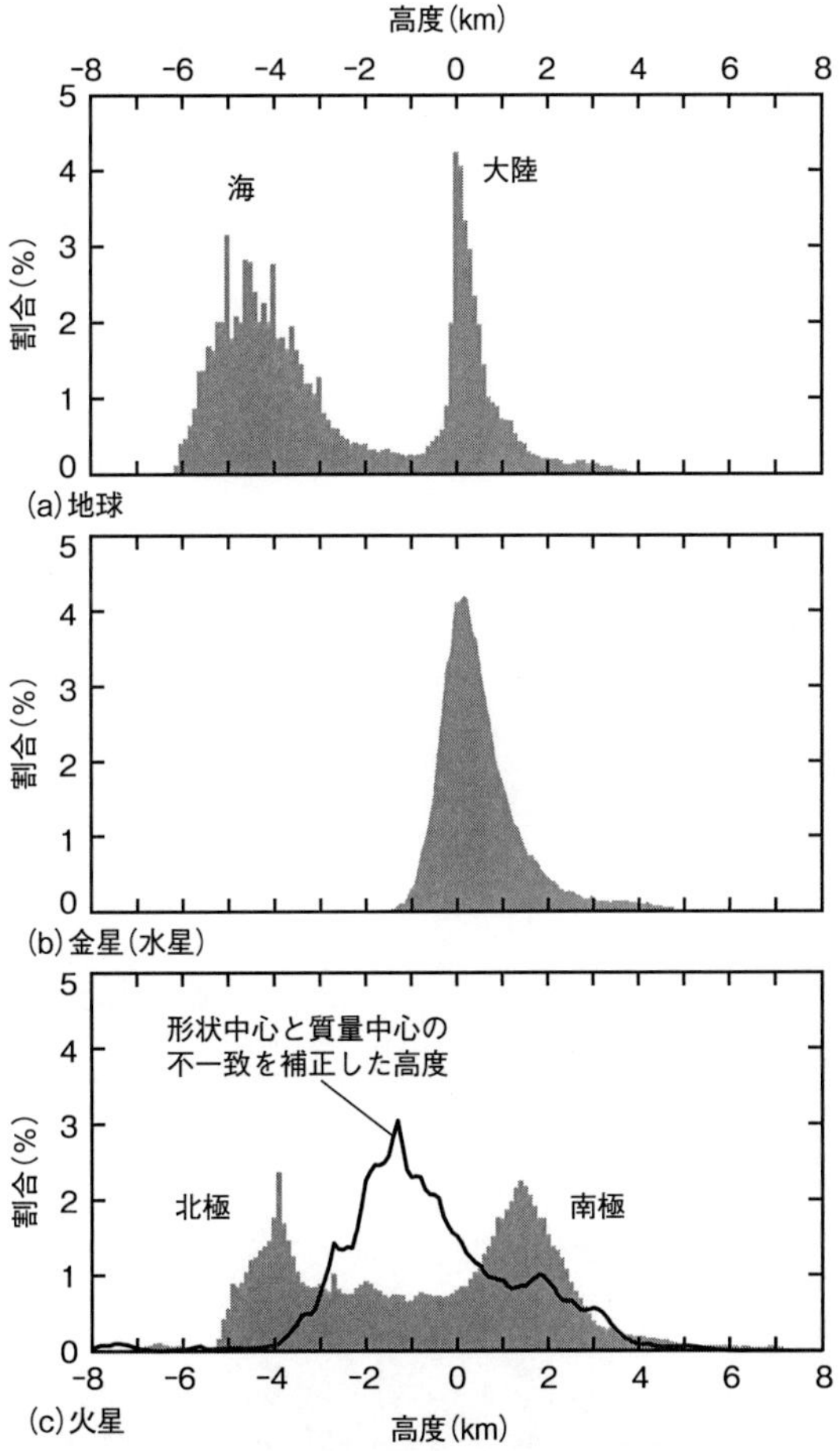

図 1-1　地球型惑星の表面高度分布

るのである。そこで、形状中心を質量中心に一致させるように補正を行うと、火星表面の地形分布は、金星や水星と同様、単一のピークを示す(図1-1c)。

ではこの高度ピークの数は何を意味するのだろうか？　ここで重要なことは、地球型惑星の内部は、内側から核、マントル、地殻(クラスト)の三層構造になっているということだ。つまり、内部から外側に向かって軽い物質が層をなすことで安定化している。この状況では、最も軽い物質(岩石)からなるクラストは、マントルの上に浮かんでいるということができる。「アイソスタシー」とよばれる現象だ。こう考えると、惑星表面の高度が単一のピークをもつということは、その惑星ではほぼ同一の組成と厚さをもつクラストでおおわれていることになる。

水星は太陽に近く、太陽からの最大離角も三〇度以下であるために、地上から表面を観測することは困難をきわめる。このために、水星クラストの組成もなかなか推定することができなかった。しかし、二〇一一年に水星周回軌道に入ったアメリカの探査機メッセンジャーは、X線分光器を用いてクラストの化学組成を分析することに成功した。その結果によると、水星クラストは、玄武岩よりも二酸化ケイ素に乏しくマグネシウムに富む、ピクライトとよばれる岩石に近い組成であることが明らかになりつつある。ここで、玄武岩という二酸化ケイ素を約五〇％含む岩石を引き合いにした理由は、地球ではマントル物質が融けると普通は

表1-1 火成岩の分類

二酸化ケイ素含有量（重量％）	火成岩（急速に固結）	深成岩（ゆっくり固結）
40	コマチアイト・ピクライト	カンラン岩
50	玄武岩	斑れい岩
60	安山岩	閃緑岩・トーナル岩
70	流紋岩	花崗岩

玄武岩質のマグマがつくられるからである。これからも、マグマが固まった岩石（火成岩）の名前をよく用いるので、表1－1にそれらを整理しておこう。

また金星については、一九七八年に打ち上げられて一〇年以上も観測を続けた探査機パイオニア・ビーナスなどによって、金星クラストは平均的には玄武岩で構成されていることが明らかになった。

一方火星は、水星や金星に比べると少し多様な、そして「分化」したクラストをもっているようだ。分化とは、もともと存在していた物質が、様々なプロセスによってその組成を変化させる現象をいう。探査機マーズ・パスファインダーのX線分析によって、火星クラストには、玄武岩よりも二酸化ケイ素成分に富む安山岩質の岩石が存在することが明らかになった。しかし、地球の上部地殻を構成するような、二酸化ケイ素成分を七〇％程度も含むような花崗岩質の岩石はほとんど認められない。また、重力のデータや岩石（マグマ）の結晶過程を再現した実験のデータを解析すると、火星のクラストは全体としては玄武岩質の組成をもっているらしいこともわかってきた。この惑星では、おそらくかつて水が存在していたころに、その影響でクラスト内で分化作用によって化学組成の多様性がつくられたものの、全体としてはほぼ単一の成分がクラストを構成しているようだ。

地球はといえば、ほかの地球型惑星と違って、クラストは明瞭に二つのピークをもった高度分布を示している。この原因として、これらのピーク、すなわち大陸と海洋の基盤をつくるクラストの厚さが異なること、異なる組成と異なる密度をもっていること、厚さと組成の両方が異なること、などが考えられる。なぜこのように考えるのかは、のちにくわしく説明することにしよう。ここでは、地球がほかの惑星とは決定的に異なり、水の存在を抜きにしても、大陸と海洋という二つの地形的特徴を有していることをしっかりと覚えておいていただきたい。

では次に、その表面に際立った特徴をもつ陸惑星地球は、どのようなプロセスで誕生したのかを眺めてみることにしよう。

惑星の形成プロセス

わたしたちの地球を含む太陽系、もっと一般的に星は、宇宙空間に漂うガスとダスト(固体微粒子)を原料として誕生した。超新星爆発の衝撃波が生み出したゆらぎによって始まった分子雲の収縮が進むと、その中心に原始太陽をもつ「原始太陽系円盤」がつくられる(図1－2a)。このような円盤の存在は、もとは理論的に予想されていたのであるが、最近ではハッブル宇宙望遠鏡などで直接観察できるようにもなった。この円盤の質量の約一％を占めるマイクロメートル(μm＝10^{-6}m)サイズのダストは、太陽から約三天文単位(一天文単位＝太陽と地球の平均距離＝約一・五億キロメートル)の距離に位置する「雪線(H_2Oの昇華温度)」の内側では岩石や金属、外側では氷が主要成分である。雪線の位置は太陽からの輻射熱によって支配され、原始太陽系では温度が一七〇Kの場所に相当するといわれている。

ダストはやがて円盤の中心面に落下・集積して、数キロメートルの大きさをもつ微惑星が形成される(図1－2b)。これらの微惑星は引力の相互作用によって衝突・合体を繰り返す。その際には大きい微惑星ほど強い引力をもつために、周囲の微惑星をより多く集める「暴走的成長」が進み、月程度のサイズをもつ原始惑星へと成長する(図1－2c)。原始太陽系内では太陽から離れるほどその重力の影響が小さいので、原始惑星は広い領域から微惑星を集めることができる。その結果、太陽から離れるほど大きな原始惑星を形成することが可能になる(図1－2c)。

地球型惑星の領域では、原始惑星がさらに衝突・合体することによって惑星がつくられる。

一方、木星型惑星領域では、その巨大な質量ゆえに周囲に存在するガスをも急激に捕獲して

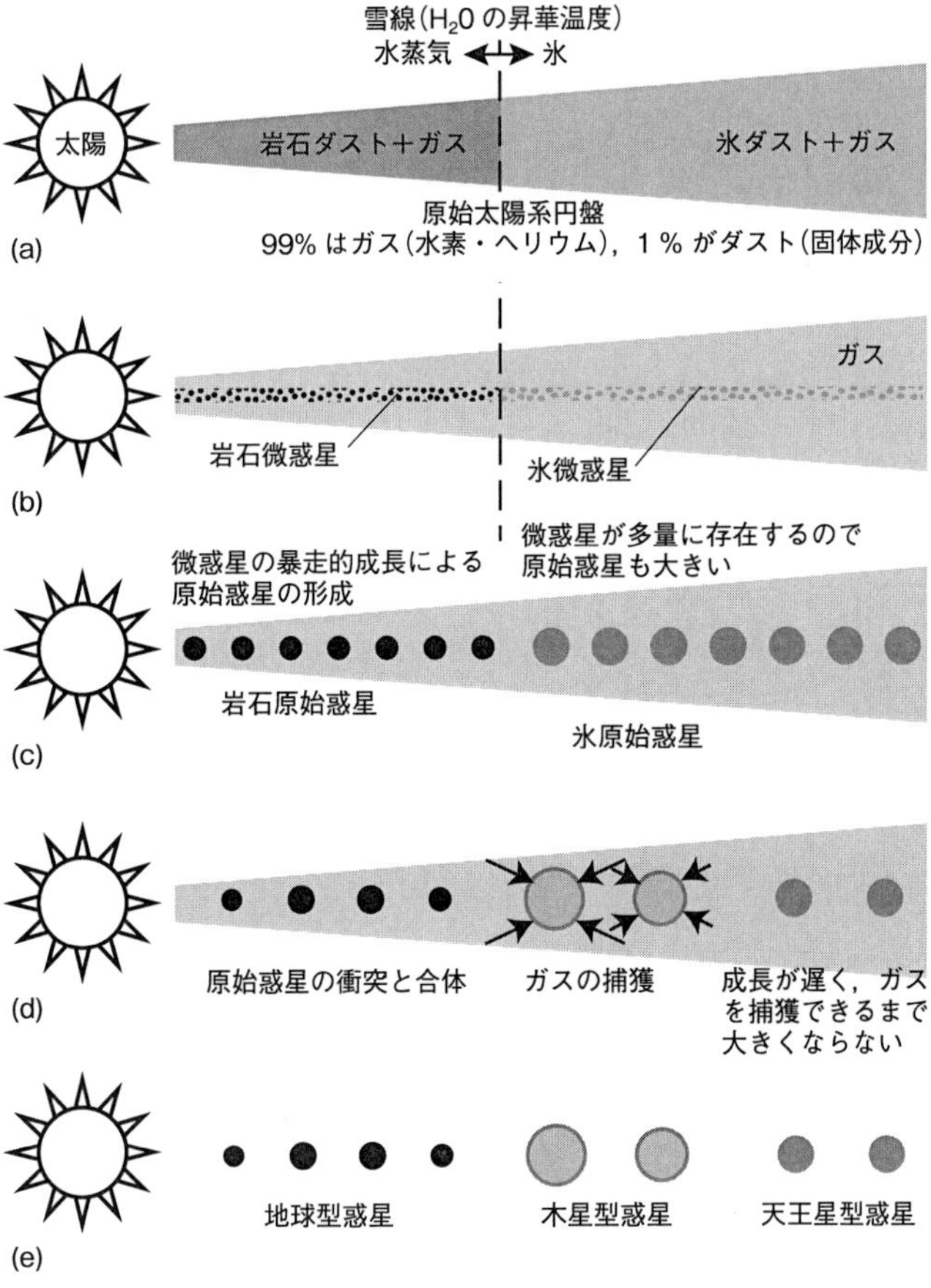
雪線(H_2O の昇華温度)
水蒸気
氷
太陽
岩石ダスト＋ガス
氷ダスト＋ガス
原始太陽系円盤
99% はガス(水素・ヘリウム)，1 % がダスト(固体成分)
(a)
ガス
岩石微惑星
氷微惑星
(b)
微惑星が多量に存在するので
原始惑星も大きい
微惑星の暴走的成長による
原始惑星の形成
岩石原始惑星
氷原始惑星
(c)
原始惑星の衝突と合体
ガスの捕獲
成長が遅く，ガスを捕獲できるまで大きくならない
(d)
地球型惑星
木星型惑星
天王星型惑星
(e)

図 1-2　太陽系の形成

さらに巨大な惑星へと成長する。しかしもっと外側の天王星型惑星領域では、広大な領域内での衝突・合体に時間がかかり過ぎ、この間にガスが散逸してしまう。そのために、木星型惑星のようにガスを捕獲することができなかったようだ(図1－2d)。このような太陽からの距離に基づくプロセスの違いによって、地球型、木星型、天王星型の三種類の惑星が形成されたと考えられている(図1－2e)。ダストの形成から惑星の形成までに要した時間は、約五〇億年といわれる太陽系の歴史に比べるとほんのわずかで、長くても数千万年程度であろうといわれている。

地球型惑星領域の最も外側には小惑星帯がある。ここには、木星の巨大な重力によって惑星になりそこねた微惑星が分布している。この小惑星帯から地球へ飛来する微惑星物質が「隕石」とよばれるものだ。隕石の特性を調べることで、多くの小惑星物質も衝突・合体の影響で融解や変成作用を受けていることがわかっている。しかし一方で、隕石の中にはこのようなプロセスを経験していない、つまり微惑星物質に近い「始源的」なものも存在する。「炭素質コンドライト」はこのような始源的な隕石で、地球型惑星の原料である微惑星物質、言い換えれば固体地球全体の組成を示すと考えてよいだろう。また、始源的隕石に対する放射年代測定の結果、太陽系内におけるダストおよび微惑星の形成は、今から四五億七〇〇〇万年前であるといわれている。

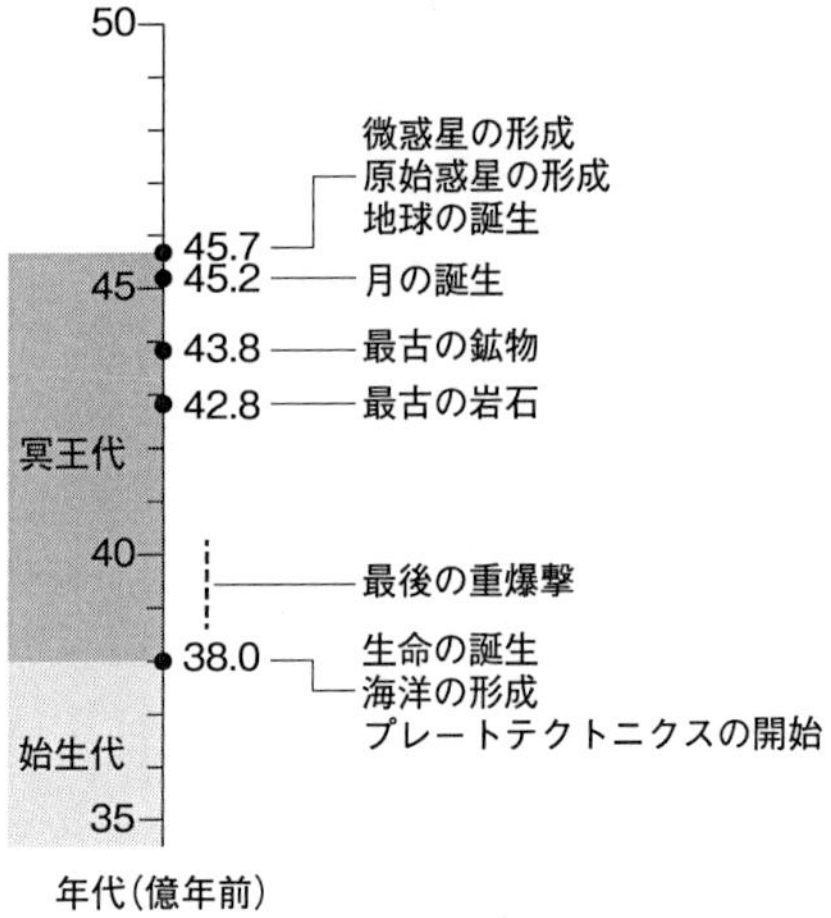

図1-3　初期地球事件簿

地球の誕生プロセス

ではここで、図1－3の年表を見ながら、地球の誕生プロセスについてもう少しくわしく見てみよう。微惑星の衝突と合体により成長しつつあった、約四五億七〇〇〇万年前の原始地球では、微惑星集積のエネルギーは熱へと変換される。隕石の解析に基づいて、微惑星物質には水や二酸化炭素などの揮発性成分が含まれていたと考えられる。しかしこれらの成分は、集積による温度上昇でガス化したに違いない。ガスは最初のうちは宇宙空間へ散逸していったであろうが、原始地球の質量が十分に大きくなると、その重力によって惑星の周りをおおうようになる。原始大気の誕生だ。この大気による温室効果と微惑星の衝突エネルギーの解放によって、原始地球は高温の状態となり、その結果、ほぼ全体が溶融していたと考えられている。つまり当時の地球には、微惑星物質が融けた「マグマオーシャン（マグマの海）」が広く分布していた。このような高温溶融状態では内部の粘性が著しく低下し、それまで渾然一体となっていた微惑星成分から、密度の大きい金属が分離して地球中心へと落下していった。こうして、地球には金属核がつくられ始めた。

このような溶融状態にあった地球を、大事件が襲った。火星とほぼ同じ大きさの原始惑星「ティア」が地球に衝突し、その結果、月が誕生したのだ。いわゆる「ジャイアント・インパクト」事件である。コンピュータ・シミュレーションの結果、衝突によって散逸した地球物質は急速に集積して月をつくったらしい。その時期は、月の岩石に対する放射年代測定の結果から四五億二〇〇〇万年前、すなわち原始地球形成の直後であったようだ。ジャイアント・インパクト説が多くの研究者に受け入れられる最大の理由は、地球と月の岩石がまったく同一の酸素同位体比の特性をもっており、共通の物質を起源とすることである。それに、月がジャイアント・インパクトではなく微惑星の集積で形成したとするには、核の割合が小さい。このことも、月が地球の一部を材料として誕生したと考えるとうまく説明できる。

現時点で地球最古の年代を示す物質は、西オーストラリア・ジャックヒルズで発見されたジルコンという鉱物である。ジルコンは、年代測定に必要なウランやトリウムなどの放射性元素を比較的多く含み、のちの変質作用によっても影響を受けにくい。まさに放射崩壊を用いた年代測定にうってつけの鉱物なのである。ジャックヒルズのジルコンは、四三億八〇〇〇万年前に、マグマオーシャンの一部が冷え固まって結晶化したものである。一方、岩石としては、カナダで見つかった四二億八〇〇〇万年前のものが最古記録だ。しかし、これらの年代は、マグマオーシャンが地球上から完全に消え去った、言い換えれば地球がすっかり固化した時期を示すものとはいえない。なぜならば、月のクレーターが形成された年代を解析すると、隕石(微惑星物質)の最後の集中的落下・集積(重爆撃事件)は、三八億〜四〇億年前であることがわかっているからだ。この重爆撃は当然、地球にも降りそそいで、冷え固まりつつあったマグマオーシャンの一部を復活させたに違いない。

したがって、微惑星の集積がほぼ終了し、一方的に地球表面が冷却に向かい始めたのは三八億年前であった可能性が高い。そしてこの時期には、すでに大きく広がる深い海洋が地表をおおっていたらしい。グリーンランドのイスアという地域で見いだされた「付加体」とよばれる地層群が、そのことを物語っている。付加体とは、海溝の陸側の海底斜面に、プレート運動によって掃き寄せられるように形成される地層群である。つまりこの地層の形成は、当時プレートテクトニクスがすでに作動していて、プレートが海溝からマントルへと沈み込んでいたことを示している。さらには、当時のイスアの地層からは、地球最古の生命の存在を示す炭素同位体比が報告されている。生命の誕生時期については、今後さらなる検討が必要であるが、ここではこの時期を、生命活動を特徴とする始生代の始まりとする(図1-3)。

では次に、ここで述べた地球形成のプロセスが、現在の地球の内部構造にどのように反映されているのかを眺めることにしよう。

地球内部の層構造とその成因

地球の内部には、地震波の伝わる速さが不連続に変化し、そのために波の反射や屈折が起こる「地震波不連続面」が存在する。地表に最も近い、すなわち浅い場所に存在する不連続面は、発見者の名前を冠して「モホロビチッチ不連続面(モホ面)」とよばれる。そしてこの面より浅い部分を「地殻」、深い部分を「マントル」と定義する。モホ面の深さは、海洋域ではほぼ六キロメートルと一定であるが、大陸下では変化が大きく、場所によっては六〇キロメートルに達する場合もある。

地震によって発生する波(地震波)の中で、地球の内部を伝わる実体波には、縦波として伝わり伝播速度の速いP波と、横波として伝わり伝播速度の遅いS波がある。深さ二九〇〇キロメートルに存在する不連続面では、それを超えるとP波の伝播速度は大きく低下し、S波は伝わらなくなる(図1-4)。また、この不連続面を境にして、物質の密度は倍程度に大きくなる。この不連続面が、マントルと「核」の境界だ。

一方、マントルの中にもいくつかの不連続面が観測される(図1-4)。六七〇キロメートル

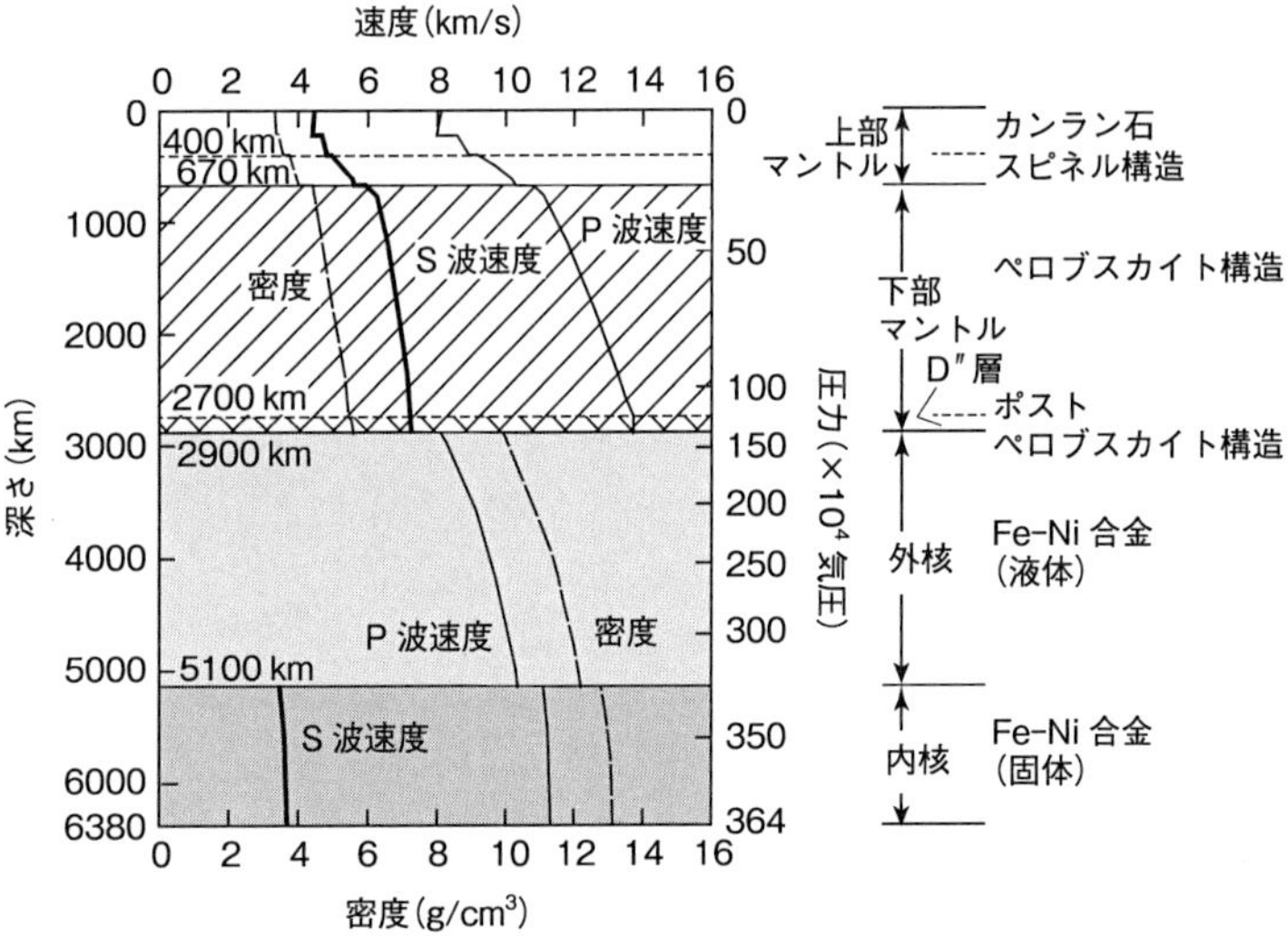

図 1-4　地球内部の構造

不連続面は、上部マントルと下部マントルを分かつものであり、上部マントル内にも約四〇〇キロメートルの深さに不連続面が存在する。さらには、マントルの最下部には、場所によって変化するが、厚さおおよそ二〇〇キロメートルの「D″層」が存在する。また核の中にも五一〇〇キロメートルの深さに不連続面が存在し、これによって地球中心核は外核と内核に区分される。

このような地球内部のそれぞれの層はどのような物質で成り立っているのか、そしてなぜこのような層状の構造を示すのか？　これは地球の成り立ちを理解する上で最も重要な問題の一つである。

表1-2 地球全体と各層の化学組成(重量%)

全地球		核	岩石地球		海洋地殻	大陸地殻	マントル
ケイ素	16.5	6.0	二酸化ケイ素*	45.4	48.9	60.9	45.3
アルミニウム	1.6		酸化アルミニウム	4.5	17.2	16.3	4.4
鉄	32.6	88.0	酸化鉄	8.0	10.6	4.2	8.0
マグネシウム	15.7		酸化マグネシウム	38.1	9.5	6.8	38.4
カルシウム	1.7		酸化カルシウム	3.6	11.2	6.6	3.5
ナトリウム	0.2		酸化ナトリウム	0.4	2.5	3.3	0.3
カリウム	0.0		酸化カリウム	0.0	0.1	2.0	0.0
ニッケル	1.9	6.0					
酸素	29.7						
	100.0	100.0		100.0	100.0	100.0	100.0
体積割合(%)	100.0	16.4			0.1	0.7	82.8
質量割合(%)	100.0	32.2			0.1	0.4	67.3

*全地球と核については元素濃度で,それ以外は酸化物濃度で示す.

まず、地球の大構造である地殻、マントル、そして核という三つの層がどのような物質でできているのかを考えてみよう。そのためには、地球全体の組成を知っておく必要がある。先に述べたように、地球型惑星の形成は、微惑星の集積によると考えられている。そして、微惑星物質の化石ともいえるのが、隕石だ。したがって、隕石の中で少なくとも揮発性成分を除いて太陽と同じような元素比をもつような「炭素質コンドライト」とよばれる始源的隕石は、地球型惑星の起源物質と考えてよい。代表的な炭素質コンドライトの化学組成を、地球全体の組成として表1−2に示す。核以外の固体地球では実際には、たとえば鉄が金属として存在することはまれで、多くの場合は酸化鉄の形で存在している。つまり酸化的な状態にあるのだ。一方で隕石中には多くの場合金属鉄が存在し、還元的な状況下で形成されたと考えられる。地球形成時の酸化・還元状態はよくわからないので、表1－2では酸化物としてではなく元素を用いて全地球の組成を表す。

微惑星の集積過程で、重いために分離・落下した金属成分は核となり、残りの「岩石成分」がマントルと地殻をつくる。単純な引き算である。ただしここで大きな問題となるのが、金属核に含まれる鉄とニッケル以外の元素だ。地震波の解析に基づいて推定される核の密度は、金属だけでは大きすぎるのだ。したがって、相当量の軽元素が核に閉じ込められていなければならない。どのような軽元素がどれくらい含まれているのかを明らかにすることが、今後の大きな課題である。表1－2では、核にはケイ素がニッケルと同程度含まれるとしてある。一方で、酸素が核、とくに外核に含まれる主要な軽元素であると考える研究者も多い。高温・高圧実験の結果によれば、地球の核の温度・圧力条件では、相当量の酸素が金属中に溶け込む可能性が高いからだ。もしこれが事実ならば、外核は二つの層に分かれている可能性があることが最近になって示された。外核のほぼ真ん中あたりで、液体酸化鉄の構造が変化するらしいのである。もしこのようなことが起これば、外核の対流によってつくり出される地球磁場の安定性にも大きな影響を与える可能性がある。

マントルを構成する岩石を、人類はまだ直接手にしていない。しかし、地殻については、存在する岩石の分析や地震波の解析からその組成はある程度正確に推定できる(表1－2)。したがって、この地殻成分を岩石成分から差し引けば、マントルの組成をおおよそ推定することができる。マントルは大局的には「カンラン岩」とよばれる岩石に相当する組成をもっているると考えてよい。このことは、マグマがマントルから運んでくる「捕獲岩」が、多くの場合カンラン岩であることと調和的だ。しかし白状すると、先に述べたような核に含まれる軽元素の種類や存在量に対する不確定性があるので、ここではマントルの組成が典型的なカンラン岩になるように、核のケイ素量を設定している。実はこのような「カンニング」に基づいて、金属核に存在する主要な軽元素がケイ素であると信じる科学者が多いのだ。

あとでくわしく述べるが、地殻はマントルを構成するカンラン岩よりも二酸化ケイ素に富む玄武岩質や安山岩質の岩石でできている。したがって、地殻とマントルの境界であるモホ面は、それぞれの層を構成する岩石の化学組成の違いに起因する。また、マントルと核の境界も、岩石と金属(隕鉄と同じ化学組成の鉄ニッケル合金)の違いによる不連続面である。一方で外核では、縦波として伝播する地震波P波は伝わるが、横波として媒体中のねじれやたわみを伝播するS波は伝わらない。これは、外核では鉄合金が溶融した状態にあることを示唆する。したがって、外核と内核を境する地震波不連続面の温度は、鉄合金の融点に相当すると考えてよい。

ではマントル内部はどうだろうか？　それぞれの不連続面で化学組成の異なる層が積み重なっていると考えることも可能ではあるが、そうすると、なぜ化学組成の違いが生じたかを説明しなければならない。一方で、このような複雑なプロセスを考えることなく、マントル全体がほぼ単一の化学組成をもつとしても、不連続面の存在を説明することができる。その原因は、深さ（圧力）の違いによって鉱物の構造が変化する、「相変化」とよばれる現象だ。

P波とS波の伝播速度は、それぞれ密度と物質の変形しにくさ（弾性率）の関数で表され、これらの物性は、鉱物の構造に大きく支配される。マントルを構成するカンラン岩は、最上部マントルでは主にカンラン石で構成されるが、圧力が増加すると、鉱物は縮んで体積を小さくすることで対応しようとする。しかしある限界を超えると、このような場当たり的な対応では間に合わなくなってしまう。その場合には、結晶構造を変化させたり、周囲の鉱物と反応して別の鉱物をつくって、よりコンパクトに縮む必要がある。これが相変化だ。マントルカンラン岩がどのような相変化を起こすか？　これは地球科学の主要課題の一つであったが、主に、日本のお家芸ともいえる高温・高圧実験の成果によって、現在ではほぼその全容が明らかになったといえる（図1－4）。つまり、四〇〇キロメートル不連続面はカンラン石のスピネル構造への相変化、六七〇キロメートル不連続面はペロブスカイト構造をもつ相の出現、そしてD″層ではポストペロブスカイト構造の相が安定となることで引き起こされる物性

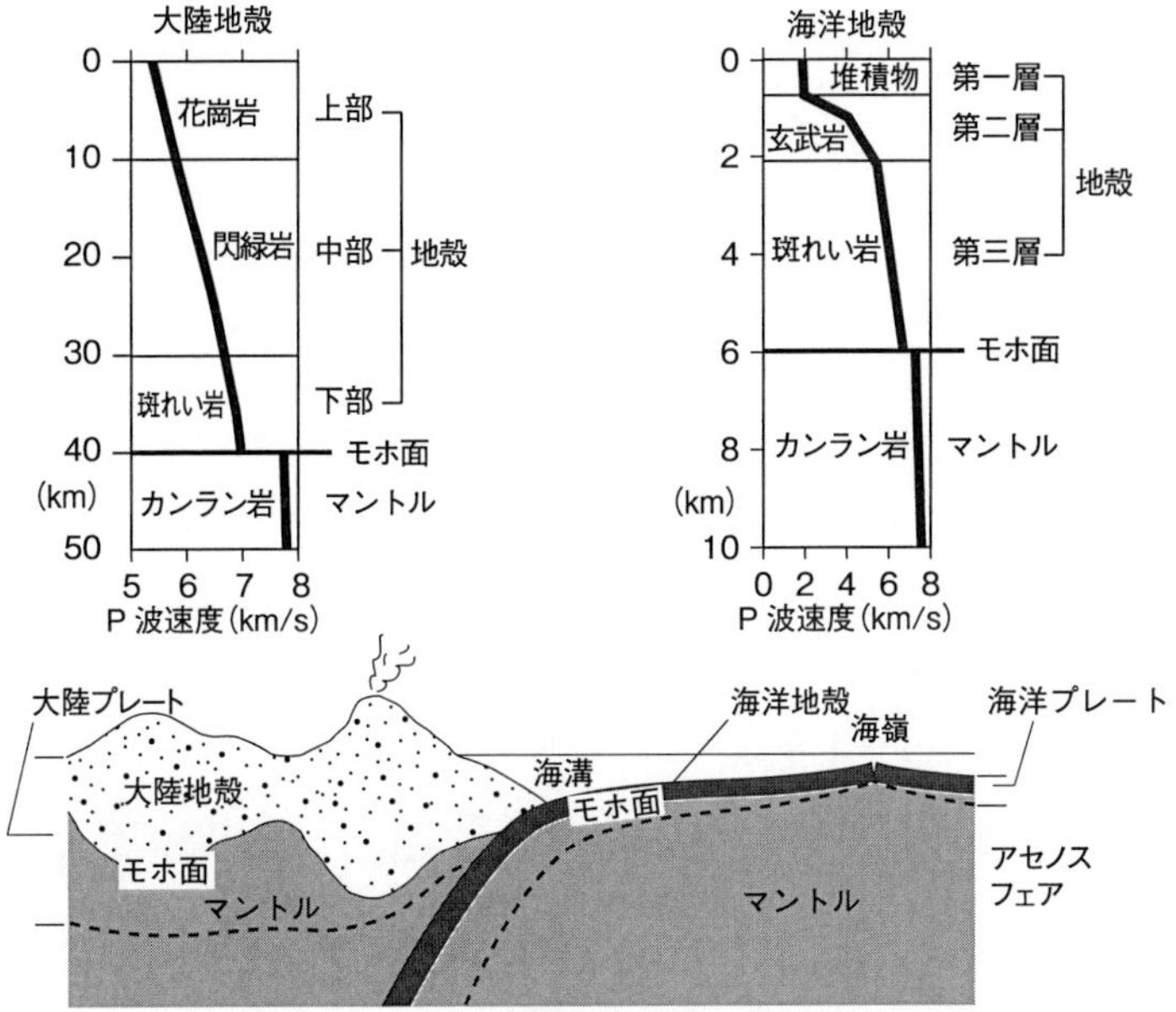

図 1-5　大陸地殻と海洋地殻

の変化に起因しているのだ。もちろんほかの鉱物や成分の影響など、詳細な点で未解決の問題はあるが、これらの相変化は地球の内部構造に関して標準的なモデルを提供しているといえよう。

では次に、このような内部構造を示す地球が、なぜ「陸惑星」という特徴を示すのかを考えてみよう。

大陸と海の違い

地殻とマントルの境界であるモホ面は、大陸と海洋で決定的に異なる深度に位置する(図1-

5）。厚さで表すと、大陸地殻と海洋地殻はそれぞれ平均で約四〇～五〇キロメートルと六キロメートルである。そして、先に述べたように、大陸の平均高度は八五〇メートル、海洋の平均水深は三八〇〇メートル。粘性流体であるマントルより地殻の密度が小さいことが原因で、地殻はマントルの上に浮いていることになる。その結果、地殻の厚さが系統的に異なると、高度の違いを引き起こすのだ。

しかし、大陸地殻と海洋地殻は、単に厚さが違うだけではない。大陸地殻の方がより軽元素に富み、したがって低密度であることが、大陸と海洋の高度の違いをさらに鮮明にしているのである。ここではこの化学組成の違い（表1－2）をもう少しくわしく述べてみよう。

地球全体から見ると薄皮のような地殻であるが、いまだに人類はモホ面を貫通することには成功していない。したがって、地殻の構造や組成は、地震学的特性に基づいて推定される場合が多い。もっとも海洋地殻については、かつての海洋底が地殻変動で地表へのしあげたものだと思われている「オフィオライト岩体」の構造や、構成岩石などの情報等に基づいて、相当くわしくわかってきた。

海洋地殻は明瞭な三層構造を示す（図1－5）。実際に海洋地殻を掘削した結果や地震波の特性を解析することで、これらの三層はそれぞれ、堆積物（第一層）、玄武岩質の溶岩や貫入岩（第二層）、そして玄武岩質のマグマが地下でゆっくり冷え固まった深成岩である「斑れい岩」

（第三層）で構成されると考えられている。つまり、海嶺の直下に存在するマグマだまり内で、玄武岩質マグマがゆっくり冷却されて第三層を構成する斑れい岩となる。第三層で、P波速度が深さとともに大きくなるが、これは圧力の増加によって鉱物が圧縮されるためである。一方、第二層でも深さとともにP波速度が大きく変化する。この増加の主な原因は、第二層では深くなるにつれて岩相が変化することだ。つまり、浅い部分は水中で形成された玄武岩質の枕状溶岩であるが、深くなると貫入岩へと変化する。マグマだまりから供給されるマグマの通路が貫入岩となり、そのマグマが海底に流れ出したのが枕状溶岩である。

海洋地殻とマントルの境界であるモホ面は、一般的には斑れい岩からカンラン岩へと岩石種が変化すること、すなわち化学組成の違いに対応すると考えられている。しかし一方で、第三層の下部は蛇紋岩（カンラン岩が変質した岩石）で構成されていて、したがってモホ面はカンラン岩の変質部と非変質部の境界を示すとする意見もある。しかし、このような蛇紋岩の層が、オフィオライト岩体で明瞭に認められるわけではない。また、変質と非変質の境界が、モホ面の特性である地震学的にシャープな境界をつくり出せるのかも疑問である。したがってここでは、モホ面は斑れい岩とカンラン岩の境界に相当するという見解に従うことにする。これを受け入れると、形成後に堆積した第一層を除くと、海洋地殻は全体として玄武岩質の組成をもつことになる。したがって表1－2では、代表的な海嶺玄武岩をもって海洋地殻の組成を代表させてある。

一方、大陸地殻は、明瞭な層構造を示さない場合が多く、地殻内では深さとともにほぼ連続的にP波速度が増加する(図1-5)。この観測データから地殻構成物質を推定するために、大陸地殻を構成する可能性がある多様な岩石種について、地殻内のさまざまな温度・圧力条件で地震波伝播速度を測定する実験が行われてきた。その結果、大陸地殻の上部は二酸化ケイ素を七〇%程度含む「花崗岩」、中部は「閃緑岩」や「トーナル岩」という安山岩質の深成岩、下部は玄武岩質の「斑れい岩」(表1-1)で構成されるとすると、観測データをうまく説明できることがわかってきた。これらの結果に基づいて大陸地殻全体を平均すると、二酸化ケイ素を六〇%程度含む岩石となる。火山岩でいうと、「安山岩」とよばれるものに相当する組成である(表1-1)。

表1-2に示すように、安山岩質の大陸地殻と玄武岩質の海洋地殻とでは、ケイ素(原子量28.09)と鉄(原子量55.85)の量に決定的な違いが認められる。つまり、軽い元素の代表であるケイ素に富み、重い元素である鉄に乏しい大陸地殻の平均密度は一立方センチメートルあたり二・七グラム程度であり、海洋地殻(一立方センチメートルあたり三・〇グラム)に比べて明らかに密度が小さい。陸を構成する大陸地殻が厚くてしかも軽いために、海洋に比べて高地をなしているのだ。

地球のクラスト「地殻」は、体積でも質量でも、地球全体の一%にも満たない(表1－2)。しかし量的には少ないが、固体地球の表面をおおう地殻は、わたしたち生命体とは密接な関係がある。また、もとは炭素質コンドライトの組成を有していた原始地球から、いかにして地球に特有の分化した成分が表層に集まったのか？　そしてそのプロセスとマントルの進化はどのようにリンクしているのか？　これらは固体地球の進化を語る上での中心的な課題である。そしてさらにここで強調しておきたいのは、大陸地殻と海洋地殻の割合だ。海洋は地球の七〇%をおおうために、地殻の中では海洋地殻が大きい割合を占めると思いがちだが、何度も述べたように、厚さは大陸地殻が圧倒的に大きい。したがって、大陸地殻は体積で海洋地殻の七倍、質量でも四倍を占めるのだ(表1－2)。地球はまさに「陸惑星」なのだ。

2 大陸地殻——その性質と謎

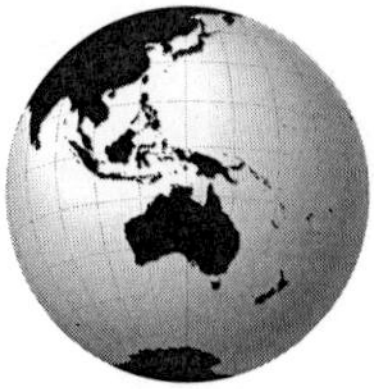

地球がほかの太陽系惑星と決定的に異なる最大の特徴の一つは、大陸地殻と海洋地殻という二種類の地殻でおおわれていること、そしてこれらの地殻は組成と厚さが異なっていることである。では、このような特異な二種類の地殻はどのようにしてつくられるのだろうか？大陸地殻も海洋地殻も、もとは地球内部が融けてできたマグマが、冷えて固まったものだ。つまり、二種類の地殻の成因を解くには、組成の異なるマグマができるメカニズムを知らねばならない。そこでまず、マグマはどのようにしてできるのかを概観することにしよう。

マグマ発生の基本原理

マグマとは、融点以下の温度で固体状態にある地球内部の物質が、なんらかの要因で融解してできた溶融体である。固体地球の八割以上を占める岩石圏（マントルと地殻）は二酸化ケイ素を主成分とする岩石でできているので、これらが融解してできるマグマもケイ酸塩である。

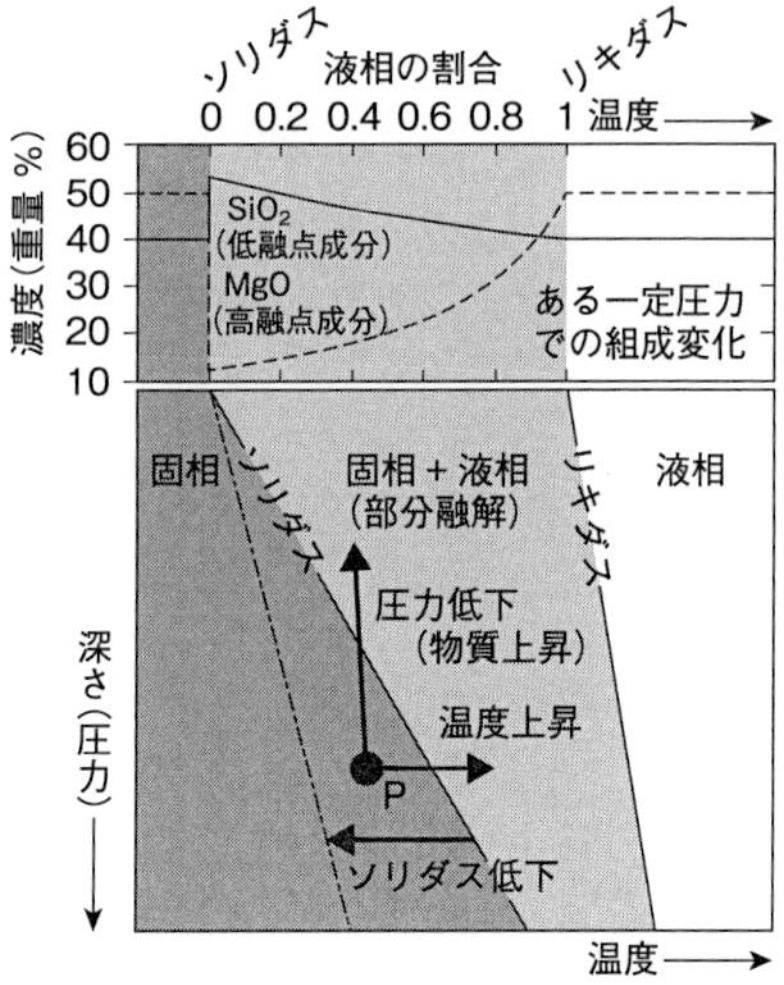

図2−1　マグマがつくられる原理．カンラン岩のある圧力における部分融解に伴う組成変化（上段）と，ソリダスとリキダスの圧力による変化

しかしまれには、炭酸塩を主成分とするカーボナタイトとよばれるマグマも存在する。一方、外核は溶融状態にあるが、一般的にはこのような金属溶融体はマグマとはよばない。

地球内部物質の融解を考える際には、「部分融解」という現象が重要である。単一の成分、たとえば二酸化ケイ素や酸化マグネシウムなどが融解する場合は、温度が融点を超えると固相は完全に溶融して液相となる。しかし岩石のように多成分で構成される物質が融解する際には、完全に固相からなる状態と完全な液体状態との間の温度範囲で、固相と液相が共存する状態が存在する。この状態を部分融解とよび、部分融解が始まる温度を「ソリダス」、完全に溶融状態となる温度を「リキダス」とよぶ（図2−1）。つまり、多成分からなる物質が融解すると、まず低融点成分が選択的に融け出すのだ。マントルを構成するカンラン岩を例にとると、一気圧でのソリダスは約一二〇〇℃、リキダスは一七〇〇℃である。

温度の上昇に伴って部分融解が始まると、低融点成分が液相に濃集する。たとえば融点が一六五〇℃の二酸化ケイ素と二八五〇℃の酸化マグネシウムを比べてみると、前者を四〇%、後者を五〇%含むカンラン岩が部分融解すると、圧力が一定であれば、当初カンラン岩より二酸化ケイ素に富み酸化マグネシウムに乏しい液相(マグマ)がつくられる(図2－1)。温度がさらに上昇して部分融解が進むと、これらの元素濃度は、もともとのカンラン岩の濃度に近づいてゆく(図2－1)。部分融解時の液相の組成は圧力にも大きく依存して、比較的浅い所(おおよそ深さ一〇〇キロメートル程度まで)でマントルカンラン岩が部分融解すると玄武岩質のマグマが、玄武岩が融解するとさらに二酸化ケイ素に富む安山岩質などのマグマができることになる。

では、マグマがどのようなメカニズムでつくられるのか、言い換えると部分融解がどのようにして起こるのかを眺めてみよう。今、ある深さにソリダスよりも低温、すなわち溶融していない物質Pがあったとしよう(図2－1)。この物質を部分融解させてマグマをつくる最も直感的に受け入れやすい方法は、その場の温度が上昇することである。たとえば、マントル最下部は三八〇〇℃以上もの高温の核から激しく熱せられ、少なくとも一部は部分融解状態にあるといわれている。

二番目のメカニズムは、物質Pが上昇して圧力が減少することである（図２－１）。このメカニズムが成立する理由は、地球内部物質のソリダスが、圧力の増加に伴って、つまり深くなるほど高温であるためだ。物質は周囲の圧力が増加すると体積を小さくする、すなわち縮むことで対応する。一方で少なくとも上部マントルの圧力条件では、液相は固相に比べて体積が大きいために、融解現象は体積縮小とは逆行する過程である。そのために、可能な限り融解が起きないように、圧力増加に伴ってソリダスが上昇するのである。減圧過程でのマグマの発生は、たとえばマントル対流によって断熱的にマントル物質Pが上昇することに伴って起こる可能性がある。

三つ目のメカニズムは、ソリダスが低下して、Pの条件でも部分融解が起こることである（図２－１）。ソリダスを下げる効果をもつ代表格は水H_2Oだ。固相の岩石や鉱物では、主要な構成元素であるケイ素や酸素がほかの元素とネットワークをしっかりつくっている。そして、鉱物は特有の結晶構造を有している。一方で液相は、これらのネットワークがほとんど切れてしまった状態である。水には、このようなケイ素や酸素のネットワークを切ってしまう性質、言い換えると容易に溶融状態をつくり出す効果があるのだ。したがって、水が存在すると岩石のソリダスは低下して、無水状態よりはるかに低温で融解が起きる。たとえば深さ一〇〇キロメートルでは、無水カンラン岩のソリダスは一五〇〇℃程度であるが、水が十分に存在すると四〇〇度程度低温、つまり一一〇〇℃で融解が始まる。さらに水の存在は、部分融解時の液相、つまり発生するマグマの化学組成に大きな影響を与える。図2-1で示したように、無水のカンラン岩が部分融解すると広い領域で玄武岩質のマグマが発生するが、水の存在下では、さらに二酸化ケイ素成分に富む安山岩質のマグマが発生する。この現象も、水が液相（マグマ）を構成するケイ素と酸素のネットワークを切る性質をもつことが原因だ。無水条件では、液体とはよべないしっかりしたネットワークをつくる安山岩質の物質も、水が存在するとこのネットワークが切れてしまって、液体のマグマとして存在することができるのだ。

地球でマグマがどのようにしてつくられているかを理解するということは、言い換えれば、ここで述べた三つのメカニズムがどのように作動しているかを知ることである。

プレートテクトニクスと海洋地殻のでき方

「プレートテクトニクス」――固体地球の表層は複数のプレートでおおわれていて、これらのプレートの運動がさまざまな地質現象を引き起こす、というパラダイムだ（図2-2）。ここで重要なのは、プレート（=リソスフェア）は剛体として振る舞う部分を指し、粘性が小さくて流体として振る舞うアセノスフェアとの力学的特性のコントラストによって定義されてい

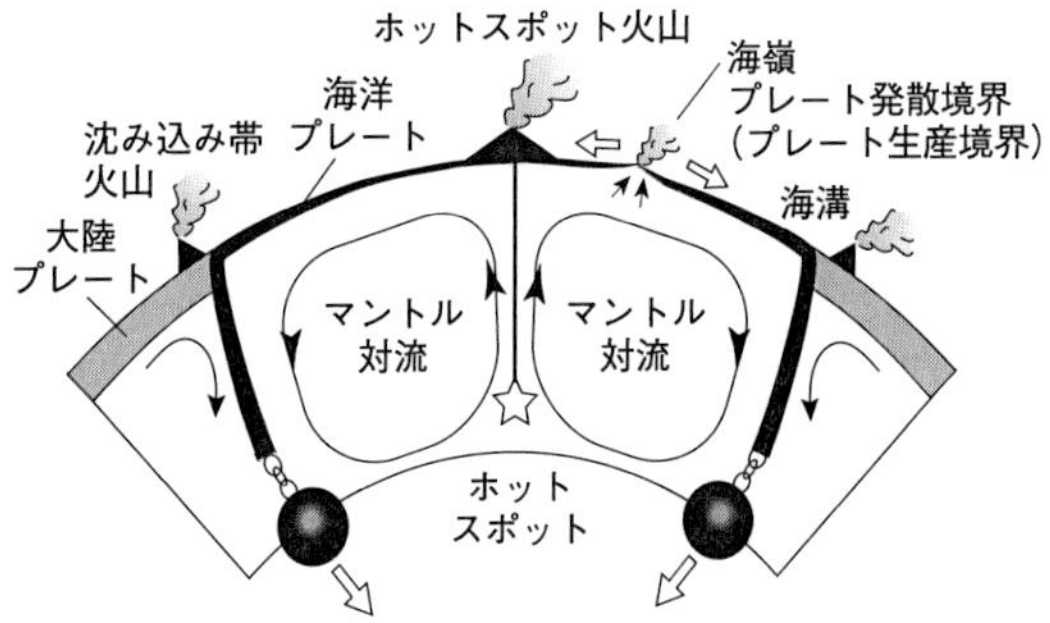

図2–2　プレートテクトニクスと火山活動

る点である。つまり、プレートの底はモホ面ではない。地殻とマントルの一部がプレートとして振る舞うのである。そして、海洋地殻と大陸地殻を載せているプレートは、それぞれ海洋プレート、大陸プレートとよばれる。海洋プレートは、海嶺で形成後、冷却して密度と厚さが増加し、やがてマントル内部へ沈み込んでいく。プレート運動の主要な原動力は、沈み込むプレートに働く負の浮力である。この引っぱり力の結果としてプレートが裂けて、プレート発散境界、またはプレート生産境界とよばれる部分ができる（図2－2）。プレート生産境界とよばれる理由は、プレートが両側に広がる（発散する）ことで生じる隙間を埋めるために、プレートあるいは海洋地殻がつくり出されているからだ。海底では海嶺、陸上では地溝帯（リフトゾーン）とよばれる場所がプレート発散境界である。

プレート運動の原動力については、海嶺下で湧き出し、海溝で沈み込むマントル対流が、プレートを引きずっているという考えもかつては存在した。しかし、現在では、大規模なマントル対流の湧き出し口は「ホットスポット」域とよばれる、プレート内に火山活動が密集する所であると考えられている。実際、このようなホットスポット密集域、たとえば南太平洋ポリネシアの直下には、マントル深部にまで達する高温の領域が存在することが、地震波トモグラフィーによって可視化されている。また、海嶺がマントル対流の上昇流域に対応していないと考えられるようになった理由の一つは、地球では海嶺が移動して、やがては海溝から沈み込んでしまうことがしばしば起こってきたことにある。マントル対流の上昇域が下降域に飲み込まれるのは明らかにおかしい。したがって海嶺下では、プレート発散に伴う質量欠損を補償するために小規模な上昇流が起きているにすぎない、と考えるのがよいだろう（図2－2）。

では、「受動的な」マントル上昇流が発生する海嶺下では、どのようにしてマグマが生産されるのだろうか？　先に述べたように、ソリダス以下の温度・圧力条件にあるマントル物質が部分融解してマグマが発生するメカニズムの一つは、マントル物質の上昇であった（図2－1）。上昇に伴ってソリダスを横切ったあとは、固相より低密度の液相を含む部分融解物質は、さらに上昇を続ける。すると図2－1から明らかなように、上昇する物質はますますソリダスから高温側に離れることとなり、その結果として融解程度（液相の割合）が上昇する。液相の割合がある程度大きくなると、もはや低密度の液相は固相とともに上昇できなくなり、液相が固相から分離して上昇する。これまでの実験の結果に基づけば、このようなマグマの分離は、海嶺の下ではおおよそ二〇～三〇キロメートルの深さで起こっていると考えられる。

玄武岩質海洋地殻をつくり出したマグマは、地球上のマグマの中で最も含水量が少ない、つまりドライなものである。したがって、沈み込み帯のマグマのように、その発生過程における水の影響をそれほど考える必要がない。ほぼ無水のマントルカンラン岩がマントル浅所で部分融解すると、玄武岩質のマグマがつくられるのである(図2－1)。

このようにしてマントル物質から分離して上昇する玄武岩質マグマは、地殻内の密度が釣り合った所でマグマだまりを形成する。このマグマが冷却して海洋地殻の第三層を形成し、さらに絞り出されたマグマが貫入相・噴出相からなる第二層となる(図1－5)。

ここでは海洋地殻を形成する基本的なメカニズムを紹介したが、まだまだ謎も多い。その中で最も大きな問題は、モホ面とは何か、というものである。先に述べたように、変質した含水カンラン岩の底がモホ面であるという考え方を採用しないとしても、なぜ地震波伝播速度にシャープなジャンプや地震波の明瞭な反射が観測されるのかは、ここで述べたおおざっぱなメカニズムだけでは完全に説明することができない。実際に代表的な海洋地殻を掘削して、モホ面の貫通を成し遂げた上で、物性の急激な変化の原因とその形成過程を明らかにしなければならない。

また、大局的には比較的浅いマントル物質が、受動的に上昇して海嶺玄武岩質マグマがつくられるのは間違いないが、一方で、深部のマントルからの物質供給もある程度の役割を果たしているようだ。そのことを暗示するのが、海洋地殻の化石であるオフィオライト岩体(二〇ページ)から発見され始めた、ダイヤモンドなどの高圧炭素鉱物だ。中には下部マントル条件でしか安定に存在し得ないような鉱物も見つかっている。決して宝飾品になるような大きさのものではないが、「地球内部の炭素循環」という地球進化の重要な課題の解明に一石を投じる「宝石」である。

大陸地殻をつくる沈み込み帯

大陸地殻は、海洋地殻が二酸化ケイ素量約五〇%の玄武岩質であるのに対して、全体としては約六〇%の安山岩質の組成を有している。安山岩(andesite)という名前は、この火山岩が多量に溶岩として分布するアンデス山脈にちなんで命名された。いわば、アンデス石だ。アンデスをはじめとして、海洋プレートが海溝からマントルへ潜り込む「沈み込み帯」は、火山が密集するゾーンである。そして重要なことは、この沈み込み帯火山活動の最大の特徴の一つが、安山岩質マグマの活動であることだ。先に述べたように、海嶺などのプレート発散境界および、プレート内部のホットスポットの火山の主要な噴出物が、玄武岩であることと

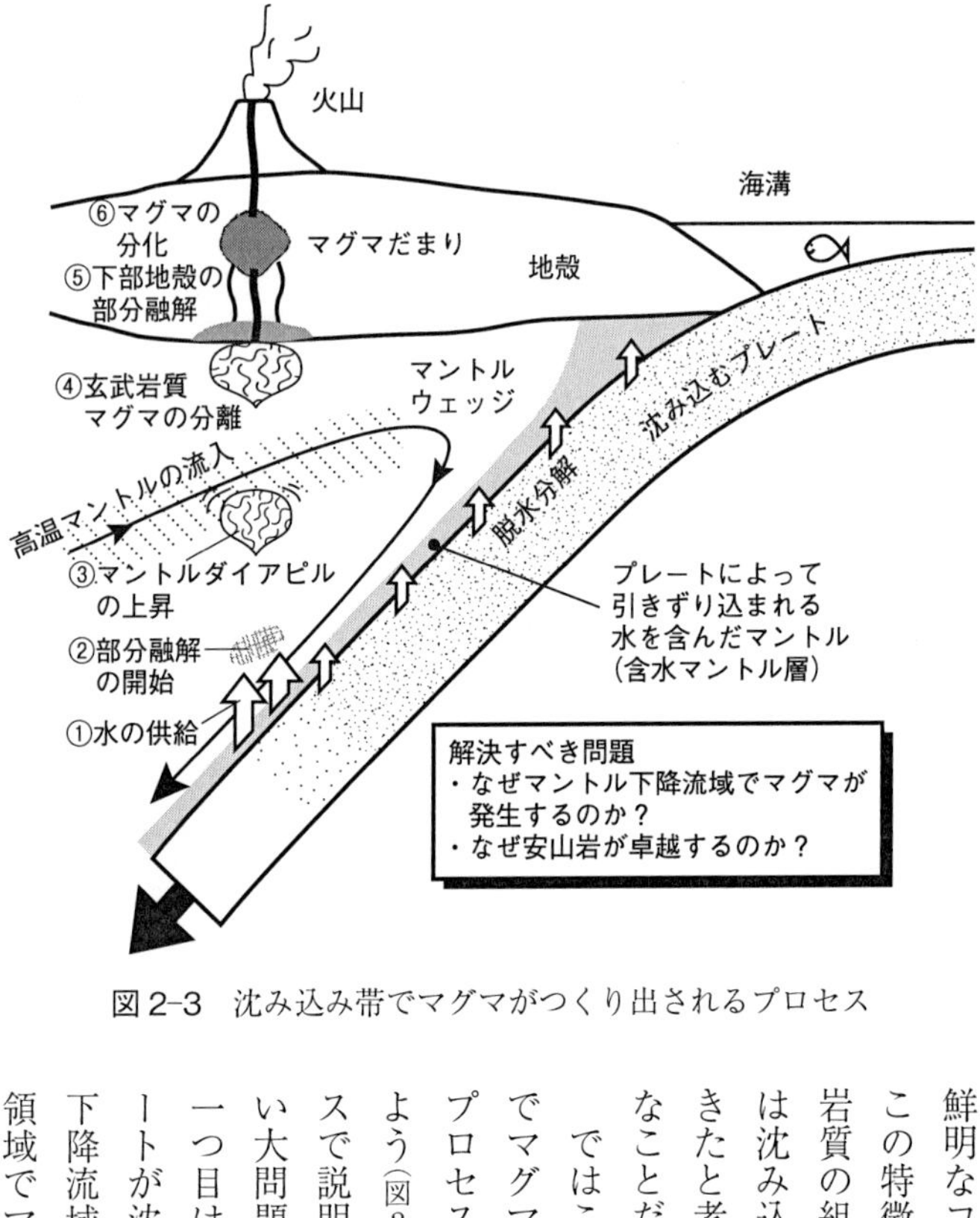

図 2–3　沈み込み帯でマグマがつくり出されるプロセス

鮮明なコントラストをなす。この特徴に基づいて、安山岩質の組成をもつ大陸地殻は沈み込み帯でつくられてきたと考えられたのは自然なことだろう。

ではここで、沈み込み帯でマグマがつくり出されるプロセスを述べることにしよう(図2－3)。このプロセスで説明しなければならない大問題は次の二点である。一つ目は、なぜ冷たいプレートが沈み込むマントルの下降流域、すなわち低温の領域でマグマが発生するか、という直感的に矛盾する現象の説明だ。二つ目は、なぜ沈み込み帯では安山岩が卓越するか、である。

まず一番目の問題に関して、沈み込み帯の物質移動とそれによって支配される温度構造を考えてみよう。粘性流体であるマントルに剛体のプレートが沈み込むことによって、プレート表面に沿ってマントル物質は引きずり込まれる。すると引きずり込みによって発生する質量欠損を補うために、深部からマントルウェッジ(沈み込むプレートと沈み込まれる側の地殻ではさまれた楔《くさび》状のマントル)内へマントル物質がもち込まれる。こうしてマントルウェッジ内に対流が発生する(図2-3)。このように、ある運動の結果、誘発される対流は「二次対流」とよばれる。二次対流によってもち込まれるマントル物質は、プレートの到達点近傍の深部マントルから上昇してくる。その結果、マントルウェッジには沈み込みが始まる以前のマントルよりも高温の状態がつくり出される。冷たいプレートが沈み込むことで、高温のマントルウェッジが形成されるのだ。

次に、いかにしてマントルが融解するかを考えてみよう。それには水が重要な役割を果たしている。プレートを構成する海洋地殻やマントル物質は水を含んでいる。堆積物だけではなく、玄武岩質の海洋地殻やモホ面下のカンラン岩の中にも水を含む鉱物(含水鉱物)が存在する。このような含水鉱物の多くは、海嶺での熱水変質によってつくられる。さらには、プレートの内部にいろいろな原因でつくられる割れ目に沿って海水が浸入して、地殻やマントルの岩石を構成する鉱物と反応して含水鉱物が形成されることもある。まるで沈み込むプレートは、水を目一杯含んだスポンジのようなものだ。スポンジを握ると水が出るように、プレートがマントルへ沈み込み圧力と温度が上昇すると、含水鉱物はよりコンパクトな構造をもつ鉱物へと変化する。その際に水が放出されるのだ。このような反応を「脱水分解反応」とよぶ。沈み込むプレートから放出された水は、マントルウェッジの底、沈み込むプレートの直上付近を構成するカンラン岩と反応して再び含水鉱物をつくる。この含水カンラン岩は、今度はプレートの沈み込みに引きずられて、マントルウェッジの底の部分に含水マントル層を形成する。

これまで行われてきた高温・高圧実験の結果などに基づくと、含水カンラン岩やプレート内では約一〇〇キロメートルの深さで再び水を放出するらしい(図2－3①)。放出された水は地表へ向かって上昇するが、約一〇〇〇℃のソリダスが存在する所まで来ると、部分融解が始まる(図2－3②)。つまり、沈み込み帯でマグマ発生のトリガーとなるのは、図2－1の融点降下による。しかし、もしこれだけが原因であるならば、沈み込み帯のマグマの温度は一〇〇〇℃程度であり、たとえば海嶺のマグマに比べて低温であるはずだ。しかしそんなことはない。どちらの場合もほぼ同じ温度(約一三〇〇℃)である。つまりマントルウェッジ内では、なんらかの加熱システムが作動していて、最初にできた一〇〇〇℃のマグマを三〇〇度ほど高温にしているのだ。

部分融解したマントル物質は、周囲の非融解域に比べて密度も粘性も小さくなるために不安定となる。「レイリー・テイラー不安定」とよばれるものだ。この不安定を解消するために、低密度・低粘性の部分融解物質は、丸い形になって上昇を始める（図2－3③）。このようにマントル内を上昇する部分溶融した丸い形の物体は「マントルダイアピル」とよばれる。同じようにマントル内を上昇するマントル物質を「マントルプルーム」とよぶこともある。プルームとは、煙突から吐き出される煙の意味である。上昇する原因やメカニズムは同じであるが、マントルプルームはマントルダイアピルより規模の大きなものをさす傾向があるようだ。

上昇するマントルダイアピルでは、図2－1の圧力低下の効果と、マントルウェッジに流れ込む高温部分を通過して加熱される温度上昇の相乗効果で融解が進む。この加熱現象が、海嶺などに比べて低温で発生したマグマの温度を上昇させるのだ。一方で、さらに浅い所まで上昇すると、周囲の温度は下がって、その結果、粘性も大きくなる。こうなるとマントルダイアピルの上昇は減速し、さらに密度の小さい地殻の最下部に当たると浮力を失って上昇できなくなって停止する。すると、マントルダイアピル内に蓄えられていた軽いマグマは、マントルダイアピルから分離して地殻内へと上昇することになる（図2－3④）。このようにマントル物質と平衡な化学組成をもつ、未分化なマグマは「初生マグマ」とよばれることがある。海嶺やホットスポットと同様に、沈み込み帯でも初生マグマは玄武岩質である。

以上をまとめると、マントル下降流域である沈み込み帯でマグマが発生する根本的な原因は、沈み込むプレートに含まれていた水がマントル物質の融点降下を引き起こすこと、部分融解物質が上昇して減圧されること、さらに二次対流がつくり出す高温のマントルウェッジの加熱効果、これらの三つのメカニズムが作動していることにある。

安山岩の成因

さて、次に解くべき問題は、なぜ沈み込み帯では安山岩が卓越するかである。その最大の理由は、沈み込み帯で発生する玄武岩質マグマには、ほかと比べて多量の水が含まれていることであろう。具体的な量についてはまだ統一見解はないが、場合によっては数%程度含まれていることもあるらしい。ではなぜ水が多く含まれると安山岩質のマグマができやすいのだろう?

まず極端な例を挙げてみることにしよう。沈み込み帯も含めて地球では、マントルが部分融解すると玄武岩質のマグマができる。一方で、沈み込むプレートから多量の水が供給されるマントルウェッジが融解するような場合には、安山岩質の「初生マグマ」がマントルで発生することが知られている。たとえば、四国・高松の土産物屋で必ず見かける「サヌカイト」の仲間がその代表格だ。黒色緻密でたたくとよい音を出し、石器時代には矢じりや石斧として広く使われた火山岩だ。一見、黒っぽくて玄武岩に見えるが、分析してみると二酸化ケイ素量はずっと多く、立派な安山岩である。しかし一方で、普通の安山岩に比べてマグネシウムが多く含まれ、マグネシウムに富むマントル物質と共存できる、すなわちマントルが融けてできた初生マグマといえるのだ。

先にも述べたが、マントルに水が多量に存在すると、ソリダスが著しく低下する。すなわち通常より低温でマグマが発生する。このような低温条件では、低融点成分である二酸化ケイ素が普通より多く液相に含まれることになる。したがって、発生するマグマは玄武岩質ではなく安山岩質になるのだ。しかし、このように安山岩質のマグマがマントルでつくられるのは、ある意味で特異な現象だ。サヌカイトの場合も、次章で紹介するように、日本海が拡大して西南日本弧がアジア大陸から分離して南下することで、その前面にあった形成直後で異常に熱いフィリピン海プレートの上へのし上がってしまい、フィリピン海プレート自身が融解するという、まれな事件によって形成されたものだ。大陸地殻を構成する安山岩質の岩石や、東北日本弧などの「普通の沈み込み帯」に見られる安山岩をつくるには、もっと「普通の」メカニズムが必要だ。

沈み込み帯の地殻、とくに下部地殻は、基本的にはマントルウェッジで発生した、水を含む玄武岩質マグマが固まった斑れい岩でできている。ただ水が存在しているために、斑れい岩は角閃石などの含水鉱物を含み、無水の場合と比べてソリダスは低下する。このような、融けやすい下部地殻の直下まで高温のマントルダイアピルが上がってきたり、玄武岩質マグマが貫入すると、下部地殻は無水に近い海嶺下と異なり、比較的簡単に部分融解する。玄武岩質の地殻が部分融解すると、マントルの融解に比べて二酸化ケイ素成分に富む、安山岩質、ないしは流紋岩質のマグマが発生する（図2－3⑤）。

さらに、水を含む玄武岩質マグマは、無水の場合に比べてソリダスとリキダスの温度差が小さい特徴がある。つまり、水を含むマグマと含まないマグマが同じだけ冷えた場合、含水マグマの方がより結晶化が進み、その結果、残液の組成は二酸化ケイ素に富むようになる。その結果、同じ玄武岩質マグマの結晶分化作用によっても、含水マグマからの方が、容易に二酸化ケイ素に富む安山岩質のマグマがつくられる。

二種類の安山岩のつくり方

では、もう少し具体的に、大陸地殻の原料となる安山岩質マグマの成因メカニズムを述べておくことにしよう。ここで少し紙面を割いてこのことを紹介する理由は、安山岩成因論において、最近になってこれまでの通説をくつがえす新たな展開が始まったからである。

沈み込み帯の一つの火山には、化学的特徴が異なる、ソレアイト質とカルクアルカリ質の二種類の安山岩が産する場合が多い。これらの安山岩の化学組成の違いは、たとえばケイ素とマグネシウムの関係で明瞭だ。図2－4aは、東北日本弧の第四紀火山に産する溶岩の化学組成を示す。これを見ると、ソレアイト質の岩石の組成分布は曲線的な変化を示すのに対して、カルクアルカリ質は直線的である。したがって、二酸化ケイ素量が六〇％程度の安山

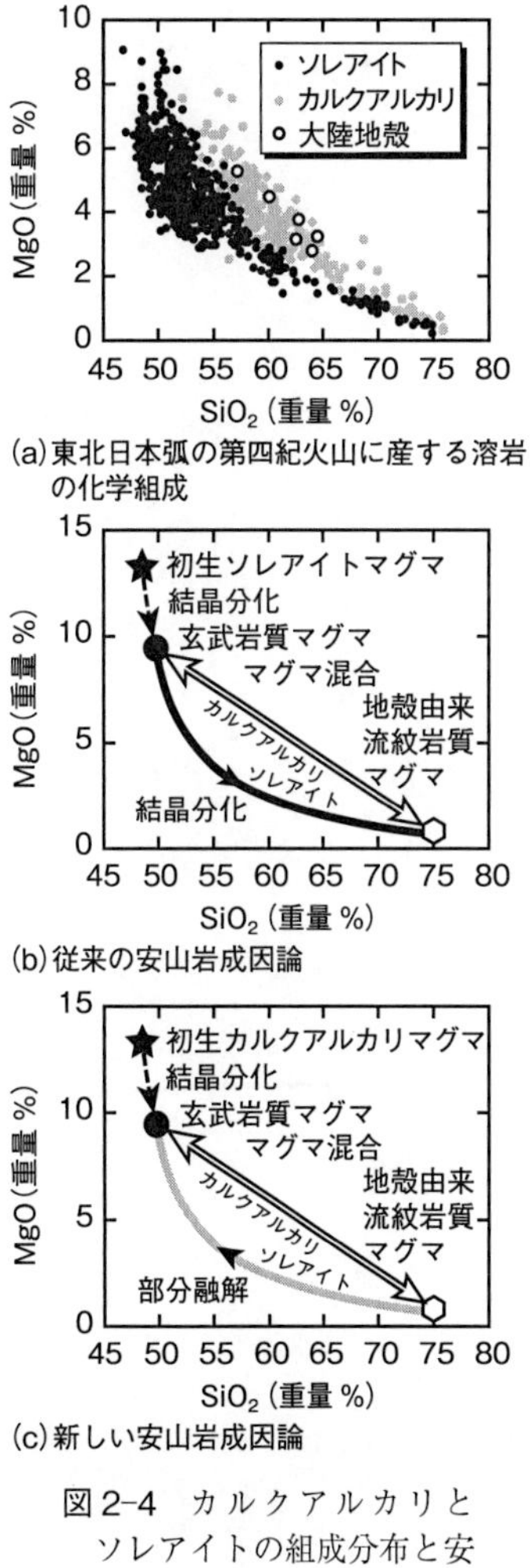

(a)東北日本弧の第四紀火山に産する溶岩の化学組成
(b)従来の安山岩成因論
(c)新しい安山岩成因論

図2-4　カルクアルカリとソレアイトの組成分布と安山岩成因論

岩で比較すると、カルクアルカリ安山岩の方がソレアイト安山岩に比べてマグネシウムに富んでいる。

また、カルクアルカリ安山岩には、化学的に平衡ではない鉱物の組合せが、普遍的に認められる。たとえば、通常では共存できないカンラン石と石英が同時に含まれていたり、マグネシウムの濃度(正確にはマグネシウムと鉄の比)が異なる輝石が一緒に含まれていたりするのだ。これらの、化学組成と含まれる鉱物に見られる二つの特徴は、カルクアルカリ安山岩が、玄武岩質マグマの単純な結晶分化作用でつくられたのではないことを示している。たとえば、単純な結晶分化作用では、結晶化する鉱物の化学組成(図2-4aではマグネシウムの量)が徐々に変化するために、残液の組成は直線ではなく、曲線的に変化するはずだからだ。このような特異な性質を示すカルクアルカリ安山岩をつくるには、二酸化ケイ素に富みマグネシウムに乏しい流紋岩質マグマと、二酸化ケイ素に乏しくマグネシウムに富む玄武岩質マグマが混合して形成されたと考えるとよい(図2-4b)。このように、二つの組成の異なるマグマが混合するのであるならば、混合したマグマに含まれている鉱物には、平衡でないものが含まれていてもよい。

一般にカルクアルカリ岩では、より二酸化ケイ素に富む岩石に、地殻成分の化学的特徴が顕著に認められる。たとえば、二酸化ケイ素量と、地殻物質では高い値を示すストロンチウム同位体比（$^{87}Sr/^{86}Sr$）の間には正の相関がある。したがって、カルクアルカリ安山岩の形成に必要不可欠な二種類のマグマのうち流紋岩質マグマは、地殻の融解で生じると考えられている（図2－4b）。

一方でソレアイト質の安山岩では、カルクアルカリ安山岩と対照的に非平衡な鉱物は含まれていないし、ストロンチウム同位体比もほぼ一定である。したがって、ソレアイト質の安山岩は、玄武岩質マグマの結晶分化作用で形成されたと考えて問題ない。一九八〇年代に柵山雅則らが提唱したこのような安山岩成因論は、二一世紀に入ってほぼコンセンサスとして受け入れられてきた。

一方で、このメカニズムでは合理的に説明することが困難な観察事実がある。たとえば東北日本弧の代表的な火山である蔵王火山では、ソレアイト質の岩石の方がカルクアルカリ質のものに比べて系統的にストロンチウム同位体比が高いことだ。ストロンチウム^{87}Srはルビジウム^{87}Rbの放射崩壊で生成される。地殻物質はマントルカンラン岩よりRb／Sr比が大きいために、地殻物質はマントル物質よりもストロンチウム同位体比が高くなる。つまり、もしこれまでの通説に従うならば、地殻成分を含むカルクアルカリ岩の方が、ソレアイトに比べてストロンチウム同位体比が高くなっているはずだ。しかし、観察事実はそうではない。何かおかしい！

これまでの考え方では説明不可能なこの矛盾を解くために、わたしたちは、安山岩には普遍的に含まれる斜長石という鉱物のストロンチウム同位体比を精密に測定する方法を開発して、二種類の安山岩を産する代表格の火山である蔵王火山の岩石を解析してみた。そしてこれまでのコンセンサスとは異なる安山岩成因論に達した。つまり、ソレアイト質マグマは、地殻の融解で生じるものであり、一方のカルクアルカリ質マグマは、マントル由来の玄武岩質マグマと、地殻由来のソレアイト質マグマの混合によって形成される、というものである（図2－4c）。これまでの通説と新しい考え方とでは、マントルの融解によってつくられる初生マグマが、ソレアイト質かカルクアルカリ質かという点で、決定的に異なる。また、これまでマントルでできた初生マグマが徐々に冷却して結晶分化することでつくられると信じられてきたソレアイト安山岩は、実は地殻が徐々に融解してつくられていたのである。

これまで、たとえばマントルの化学的特徴や沈み込むプレートからの元素の添加などは、もとはマントルの融解でできたと信じられていたソレアイト質岩石の解析に基づいて議論されてきた。しかしわたしたちの新説が正しいならば、地殻の再融解でつくられたソレアイトを解析しても、現在の沈み込みやマントルの情報を得ることはできないのだ。例を挙げてみよう。多くの沈み込み帯では、海溝から遠ざかるにつれて、言い換えるとプレート深度が大きい場所の火山では、よりカリウム（K）に富むマグマが発生する傾向がある。プレートの深度は言い換えるとプレート表面の上の火山の高さ(height)と見なすことができるので、この特徴はK－h関係とよばれ、沈み込み帯のマグマ活動に見られる共通の特徴の一つとして、必ずといっていいほど教科書にも載っているものである。もちろんこの関係は、東北日本弧でも成り立っているように見えた。つまり、海溝側の(hの小さい)那須火山帯の火山に噴出するソレアイト質マグマは、鳥海火山帯のマグマよりカリウムが少ないのだ。しかし、わたしたちの解析によれば、マントル由来のカルクアルカリ玄武岩質マグマでは、hの異なる那須火山帯と鳥海火山帯ではほとんどカリウムの量に差がないのである。新しい安山岩成因論は、これまでのいろいろな通説について、再検討が必要であることを示している。俄然、面白くなってきた。

ここで、新旧二つの安山岩成因論を少しくわしく解説したのには理由がある。それは、これまで地震波伝播速度や地殻の岩石の解析に基づいて推定された大陸地殻の化学組成は、カルクアルカリ安山岩の特徴を有しているためだ(図2－4a)。つまり、大陸地殻の形成過程を理解するには、カルクアルカリ安山岩の成因論が必要不可欠なのである。最新の安山岩成因論に基づけば、大陸地殻は、マントル由来の玄武岩質マグマが、その熱によって既存の地殻を融解させて流紋岩質マグマをつくり、これらが混合することでつくられたと考えられる。もちろんこのようなプロセスが進行するのは、海洋プレートがマントルへ潜り込む所、すなわち沈み込み帯である。

大陸地殻形成の謎と驚きの発見——大陸弧と海洋島弧

東北日本弧で展開した安山岩成因論は、大陸地殻形成にも適用できるに違いない。しかし、これで大陸地殻の形成過程が理解できたと思っているわけではない。むしろ、かえって謎が深まったような印象すらある。ここでは、その謎とはどのようなものかを述べることにしよう。

前に、安山岩の活動が、沈み込み帯の火山活動を特徴づけると述べた(三三ページ)。確かに、東北日本弧やアンデス弧などの、「大陸弧」とよばれる大陸周縁部の沈み込み帯では、安山岩が卓越する(図2-5)。日本列島は今でこそ海の中に位置しているが、わずか二〇〇〇万年ほど前に日本海が拡大する以前は、アジア大陸の一部であった。言い換えると、太平洋とフィリピン海の二つの海洋プレートに沈み込まれている日本列島の地殻は立派な「大陸地殻」なのである。

ところが、伊豆・小笠原弧のように海域で形成されつつある沈み込み帯(海洋島弧)では、安山岩の活動は貧弱で、代わって玄武岩が多量に噴出している(図2-5)。このことから、海洋島弧の地殻は、安山岩よりも分化程度が低い玄武岩質の組成をもっていると考えられていた。

この化学的特徴に加えて、大陸弧よりも地殻が薄い、つまり発達程度の低い海洋島弧に対して、「未成熟な」とか「未発達な」という形容詞がよく使われる。一方で、安山岩質の大陸地殻はもっと「成熟した」沈み込み帯、すなわち大陸弧の地殻を構成するというのである。

大陸地殻をつくる安山岩質のマグマは、主に大陸弧でできている。このことは、とても奇妙なことではないか？　大陸地殻が成長するためには、すでに大陸地殻が存在していることが必要なのであろうか？　では、最初の大陸地殻は一体どのように誕生するというのか？　なんだか、循環論法に陥ってしまって、結局何が何だかわからない。このことはまるで、「自らの足を食らう蛸の運命は？」という萩原朔太郎の「死なない蛸」という詩のテーマと重なるようにも思えてくる。しかし、大陸は消滅するどころか、プレートテクトニクスがこの惑星で作動し始めて以来、基本的には成長を続けている。わたしたち地球科学者は、このような矛盾が存在するにもかかわらず、大陸地殻は沈み込み帯で形成されると言い続けてきたのだ。

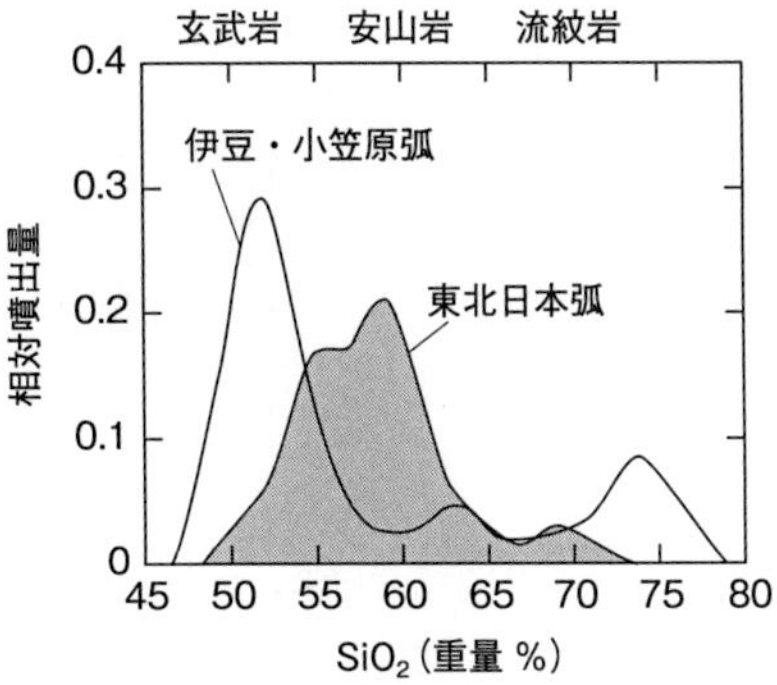

図 2–5　東北日本弧と伊豆・小笠原弧のマグマの組成

こんなわたしたちに、まるで「脳天杭打ち」を食らわせるような論文が一九九六年に『サイエンス』誌に発表された。東京大学海洋研究所（現在、大気海洋研究所）のチームが、当時最新の海域地下構造探査装置を用いて、伊豆・小笠原諸島の青ヶ島の南約二〇キロメートルの地点を通る東西断面を調査した結果だった。この付近の火山の直下には、二〇キロメートルの厚さを有する「島弧地殻」が存在していた。驚くべきことに、この地殻の真ん中あたり、中部地殻とよばれる厚さ数キロメートルの層が、平均的な大陸地殻と同じ地震波伝播速度（P波速度が毎秒約六・五キロメートル）を示していたのである。

伊豆・小笠原弧は、海洋の中に形成しつつある正真正銘の「海洋島弧」である。火山噴出物も玄武岩が主体で、その地殻も大陸地殻とは異なり、未成熟な玄武岩質のものだと、誰もが思っていたのである。そんな海洋地殻に、大陸地殻と同じ安山岩質の地殻が存在する。このことは、大陸地殻はもともとは海洋島弧で、言い換えると海の中で生まれることを示しているのではなかろうか？　そうだとすれば、大陸地殻誕生の最大の謎も解けるのではないだろうか？　世界に大きな衝撃が走った。

このような安山岩質の島弧地殻は、ほかの海洋島弧にも存在するのか？　すぐにアメリカのチームがアリューシャン列島で同様の調査を行った。しかし、その結果は否定的なものだった。アリューシャン弧の地殻は、これまでの通説を裏づけるように、玄武岩質の岩石に特徴的な地震波伝播速度をもっていたのである。

果たして、安山岩質の島弧地殻は、青ヶ島付近にのみ見つかる特異なものなのであろうか？ はたまた、観測に何か問題があるのだろうか？ 二〇〇一年からＪＡＭＳＴＥＣに勤めることになったわたしは、この問題に決着をつけるために、プロジェクトを開始した。

3 プロジェクトIBM——海で生まれる大陸

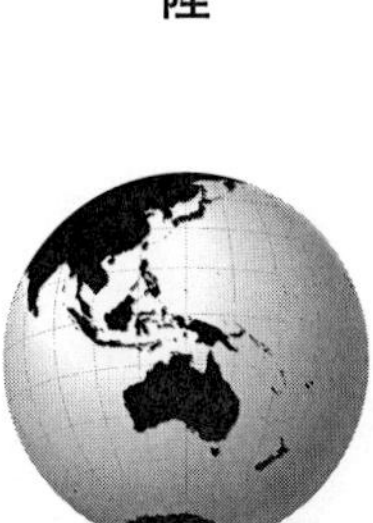

大陸地殻の成因は、陸惑星地球の進化を理解する上で重要な課題であり、地球科学の中心的な問題の一つである。これまでの大陸地殻成因論は、そのほとんどを「大陸に住む人たち」がリードしてきたように見える。大陸の構造や組成をくわしく調べることで、その成因や形成過程がわかる。なるほど、と思わず納得してしまいそうになる手法である。しかし大陸地殻は、誕生後にさまざまなプロセスを経て、あるときは自らを変容させながら、その結果として現在の組成や構造を示すのである。したがって、現存する大陸地殻に、大陸誕生の記録が残っている可能性は決して高くはないであろう。

一方で、典型的な海洋島弧である伊豆・小笠原弧で、安山岩質の大陸に相当する地殻がつくられつつあるとするならば、わたしたち「沈み込み帯に住む人たち」、さらには「島弧の人たち」こそが、大陸形成の謎の核心に迫ることができると思えてこないだろうか？ 大陸形成における海洋島弧の役割の大きさを予想したわたしたちは、伊豆・小笠原諸島からさらに南に続くマリアナ諸島も含めた「伊豆・小笠原・マリアナ弧」全域の調査を開始した。小笠原は英語ではBonin(無人)とよばれるので、この海洋島弧は、それぞれの頭文字をとって、IBM弧とよぶことにする。まずIBM弧の現在の姿と成り立ちを概観しておこう。

IBM弧の成り立ち

日本列島の代表的な火山帯の一つである「富士火山帯」の中で、箱根火山より南に位置するのがIBM弧の火山だ(図3-1)。これらの火山は、太平洋プレートが、伊豆・小笠原海溝、マリアナ海溝から、フィリピン海プレートの下へ潜り込むことによって生み出される。

IBM弧の西側には、四国海盆、パレスベラ海盆が、さらに西方にはかつてIBM弧と一体の島弧をなしていた九州・パラオ海嶺(KPR)が位置する。このKPR弧とIBM弧にはさまれた盆地状の海は「背弧海盆」とよばれるものだ。この海は、あとに述べるが、プレートの沈み込みに伴って、火山弧が分裂して形成されたものである。

IBM弧はフィリピン海プレート上に形成されている。フィリピン海プレートは、ユーラシアプレートに向かって北西方向に、年間数センチメートル移動している。この運動によって、フィリピン海プレートの多くの部分は、南海トラフなどの海溝でマントルへ潜り込んでいる。そしてこの沈み込みに伴って、海溝型巨大地震である「南海・東南海・東海連動型地

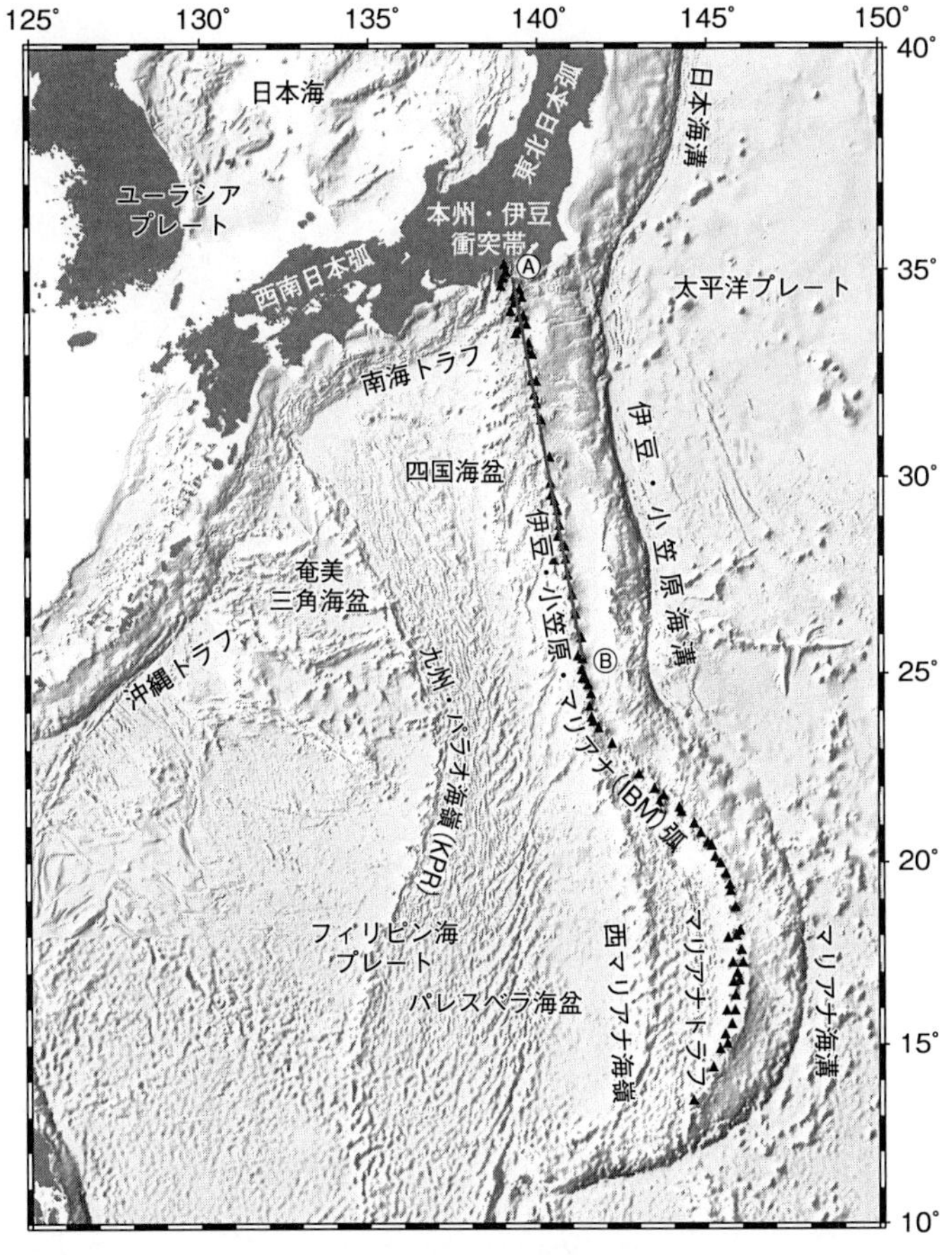
125°
130°
135°
140°
145°
150°
40°
35°
30°
25°
20°
15°
10°
日本海
東北日本弧
日本海溝
ユーラシア
プレート
本州・伊豆
衝突帯
Ⓐ
西南日本弧
太平洋プレート
南海トラフ
伊豆・小笠原海溝
四国海盆
伊豆・小笠原・マリアナ(IBM)弧
奄美
三角海盆
Ⓑ
沖縄トラフ
九州・パラオ海嶺(KPR)
フィリピン海
プレート
パレスベラ海盆
西マリアナ海嶺
マリアナトラフ
マリアナ海溝

図 3-1 IBM 弧

震」が発生してきたのである。一方でＩＢＭ弧の北端では、伊豆半島は本州の下へ沈み込むのではなく、衝突して丹沢山系を盛り上げている。また南海トラフは、伊豆半島の部分で北へ湾曲している。このように海溝の位置がシフトしているのも、ＩＢＭ弧が本州に衝突した結果である(図３－１)。

これまで海域・陸域で行われてきたいろいろな調査の結果、ＩＢＭ弧の成り立ちについては、大まかにはコンセンサスが得られている(図３－２)。ＩＢＭ弧の誕生は約五〇〇〇万年前にさかのぼる(図３－２ａ)。現在の位置よりはるか南方、赤道付近で、なんらかの原因で太平洋プレート(ＰＡＣ)が、北ニューギニアプレート(ＮＮＰ)に対して沈み込み始めたらしい。誕生後間もない、したがって比較的高温の海嶺も一緒に沈み込んだために、熱いプレート自体が融解してしまい、「ボニナイト(無人岩)」とよばれる特徴的な安山岩質初生マグマがつくられた。ボニナイトの活動は数百万年続いたが、沈み込むプレートの年齢が古くなり温度が下がると、現在の多くの沈み込み帯がそうであるように、玄武岩質初生マグマが生産されるようになった。

その後「古ＫＰＲ－ＩＢＭ弧」はプレートの運動とともに北へ移動しながら、マグマの活動によって比較的順調に成長を続けたようである。ところが、二五〇〇万年ほど前に大事件が起こった。古ＫＰＲ－ＩＢＭ弧の南半分で、島弧を引き裂いて新しい海洋底、パレスベラ

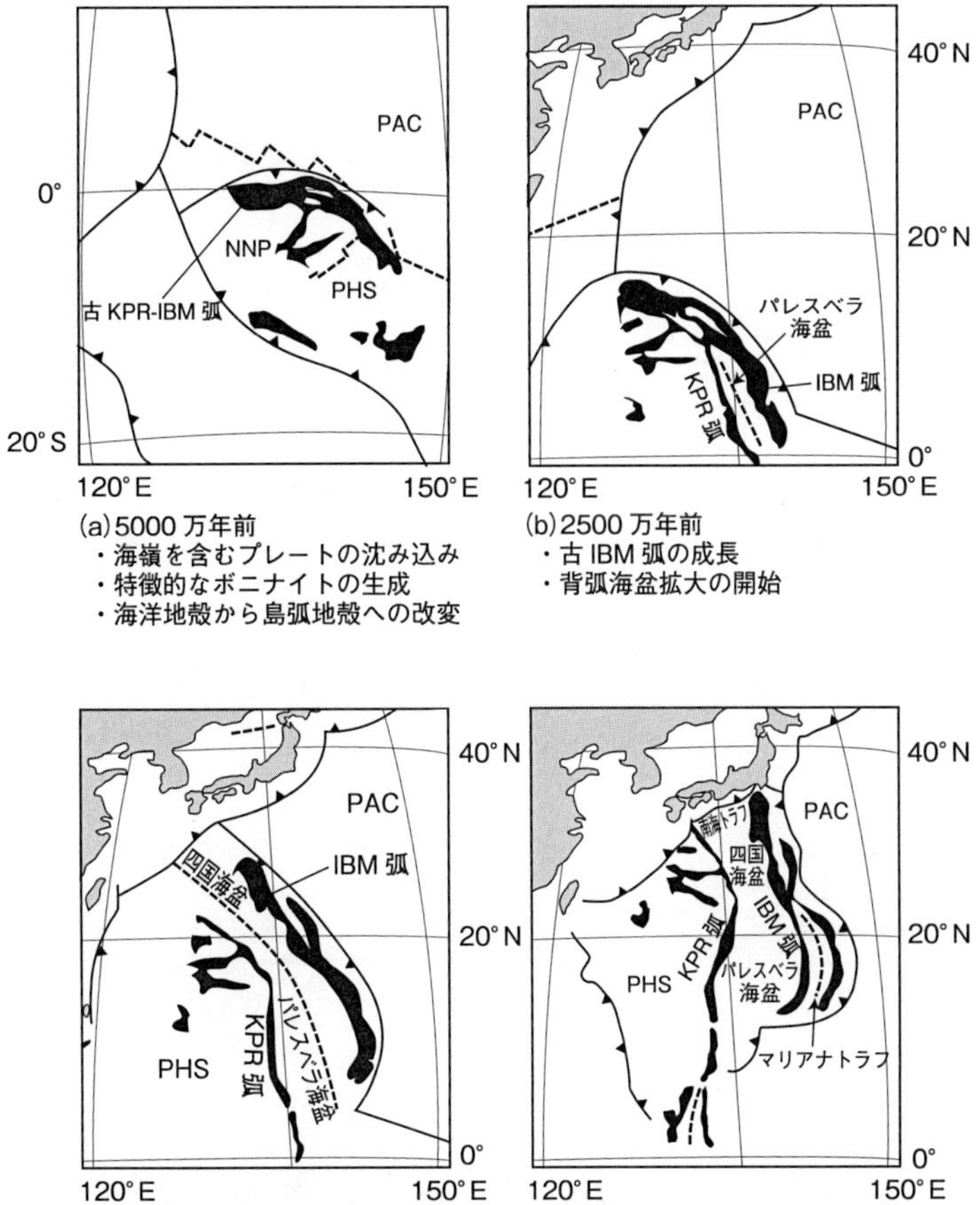

(a) 5000 万年前
・海嶺を含むプレートの沈み込み
・特徴的なボニナイトの生成
・海洋地殻から島弧地殻への改変

(b) 2500 万年前
・古 IBM 弧の成長
・背弧海盆拡大の開始

(c) 2000 万年前
・背弧海盆拡大軸の北への拡張
・IBM 弧と KPR 弧の分離
・1500 万年前に背弧海盆拡大は終了
・背弧海盆拡大期は IBM 弧における
　マグマ活動は休止

(d) 現在
・フィリピン海プレートの南海トラフでの
　沈み込み
・IBM 弧の北進と本州弧への衝突(1500 万
　年前から)
・マリアナトラフの拡大(300 万年前から)

図 3-2　IBM 弧の発達史．PAC は太平洋プレート，NNP は北ニューギニアプレート，PHS はフィリピン海プレート

海盆が生まれだしたのである(図3−2b)。背弧海盆の拡大とよばれるこの事件は、やがて北へも伝播し、約二〇〇〇万年前には、KPR弧を置き去りにしたまま、IBM弧が東方へ移動を始めてしまった(図3−2c)。このように、四国海盆とパレスベラ海盆は、大きさこそ違うものの、太平洋や大西洋などの大洋と同じように、「海洋底拡大」によって生まれた海なのだ。この分裂期のIBM弧ではマグマの活動は認められず、地殻の成長はほとんどなかったと考えられている。そして背弧海盆の拡大は、約一五〇〇万年前には終わった。一方でこのころには、日本列島の周りではもう一つ大事件が起こっていた。日本海でも同様の背弧海盆の拡大が起こり、その結果、日本列島はアジア大陸から分離してしまったのである。この日本列島の南方漂移は、IBM弧の北端が本州に対して衝突を始めるきっかけとなった。今から一五〇〇万年前、中新世といわれる時代の日本列島は、まさに激動期にあったようである。

このようにして一五〇〇万年前にはIBM弧はほぼ現在の位置に到達した(図3−2d)。その後、再び太平洋プレートの沈み込みによるマグマ活動が始まり、比較的平穏な成長期を迎えている。しかし、激動の予兆らしき事件も起こっている。約三〇〇万年前からマリアナ弧を分断するように背弧海盆の拡大が再び始まり、マリアナトラフとよばれる窪地が形成されつつあるのだ。

以上述べたように、ＩＢＭ弧は過去五〇〇〇万年の間に、さまざまな変容を遂げてきた。ＩＢＭ弧の進化史において、「大陸の形成」という観点で重要なのは、ＩＢＭ弧が海洋地殻の上に形成された「海洋島弧」であることだろう。すなわち、現在のＩＢＭ弧の島弧地殻は、既存の大陸地殻をリサイクルしたものは含まず、純粋に過去五〇〇〇万年の間のマグマ活動によって形成されたものなのである。

IBM弧の地殻・マントル構造

病院で行われるいろいろな検査方法にたとえると、地球内部の構造を調べるのは、ＣＴスキャンにかけるようなものだ。地球内部を地震波が伝わる速さの違いを可視化するのだ。地球内部を可視化するには、既設の観測点で自然地震が発したシグナルをとらえて、震源と観測点の間の構造を調べる方法がある。一方、比較的浅い（地殻〜最上部マントル）部分の探査では、ターゲットとする地域の構造を調べる上で、最適の観測機器の配置が可能であるので、人工地震を用いた観測の方が有利だ。しかし、この探査を陸上で行うのはそれほど簡単ではない。なんといっても、火薬を使ったり地面をたたくことで地震を起こすことが問題だ。それに対して海域では、観測船や観測器具さえ準備できれば、縦横無尽に探査を行うことができるメリットがある。図３−３に、海域における地下構造探査法を模式的に示す。エアガンから発

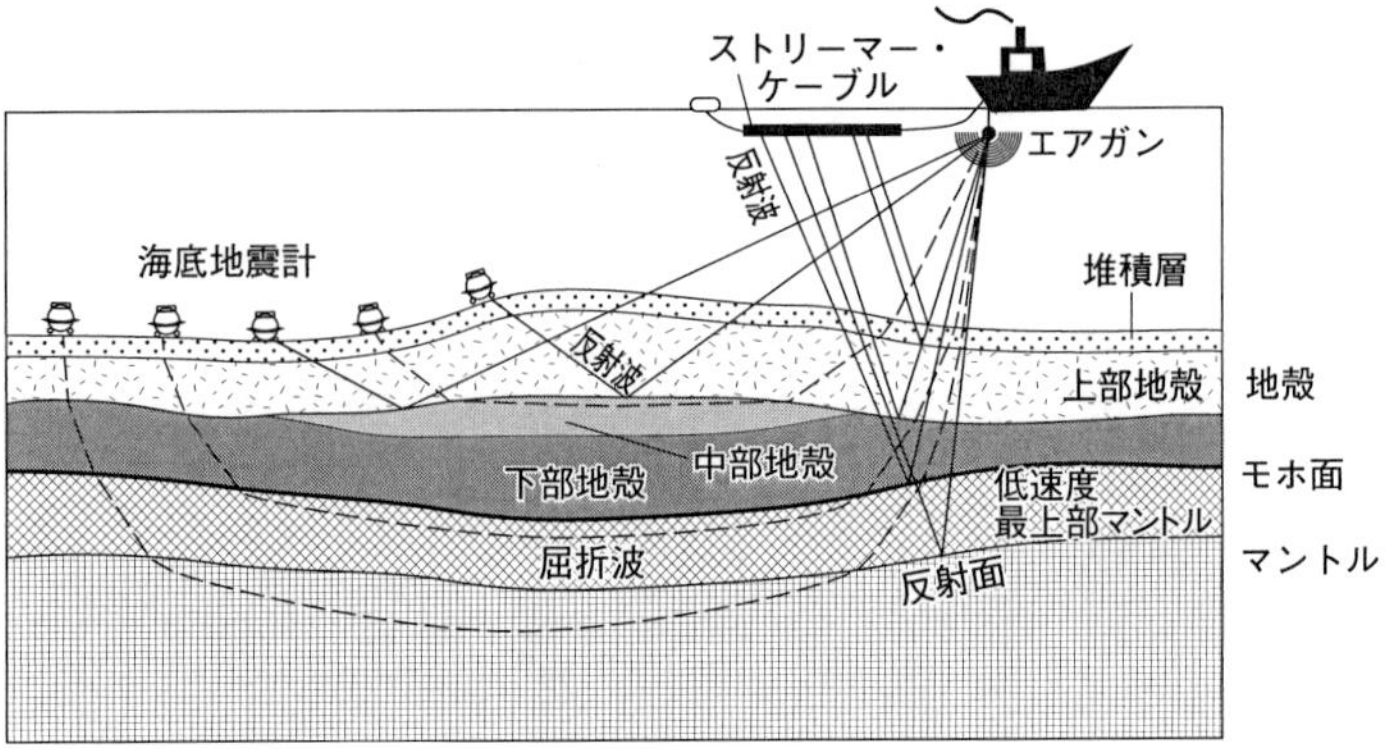

図 3-3　地下構造探査法

せられた波は、物性が不連続に変化する層境界で反射したり屈折したりして、ストリーマー・ケーブルに装着した受振器や海底地震計で観測される。この到達時間や振幅などを解析して、不連続面の位置や、各層の速度構造を推定する。現在、ＪＡＭＳＴＥＣでは、四〇〇〇メートルのストリーマー・ケーブルと一〇〇台以上の海底地震計を用いて、世界最高精度の地殻・マントル構造を描き出すことが可能だ。

　このような方法を用いて、ＩＢＭ弧やその片割れであるＫＰＲ弧、そしてその間に広がる四国海盆の構造が次々と明らかになった。この調査はこれから紹介する科学的な成果のみならず、日本列島と同様の地殻や大陸棚がどこまで続いているか、という日本の排他的経済水域（ＥＥＺ）の確定にとっても、重要なデータを提供したのである。これらの中から、最も長大な測線の観測によって得られた結果を図3

－4に示そう。この測線は、伊豆半島沖から北硫黄島にまで及ぶ一〇五〇キロメートルにも達するものである(図3－1のA—B測線)。解析の結果明らかになった重要な点は、

・一九九六年の論文でその存在が指摘された「安山岩質の大陸地殻に相当する中部地殻」は、伊豆・小笠原弧全域に認められること。

・下部地殻は玄武岩質の岩石に相当する地震波伝播速度を有していること。

・地殻とマントルの境界であるモホ面の直下には、通常のマントルに比べてP波速度が遅い「低速度層」が分布し、その下面に反射面が認められること。

などである。ここで、最上部マントルの低速度層についてもう少し述べておこう。一般にモホ面直下の最上部マントルは、毎秒八キロメートル以上のP波速度をもつ。しかしIBM弧では最上部マントルのP波速度はこの一般的な値に比べて明らかに遅くて、毎秒七・五キロメートル程度なのである。さらにこのような最上部マントルの低速度層の存在は、IBM弧だけではなく、東北日本弧のような成熟した沈み込み帯でも確認されていた。つまり、島弧地殻が成長すると同時に、低速度マントル層も形成されるらしい。この層がどのような岩石で構成され、どのようなプロセスで形成されたかを理解することは、島弧地殻の進化と大陸地殻の成長を明らかにする上で重要な情報を与えてくれるはずだ。

確かにIBM弧では、安山岩質の大陸地殻が形成されつつあるようだ。ただし、大陸地殻

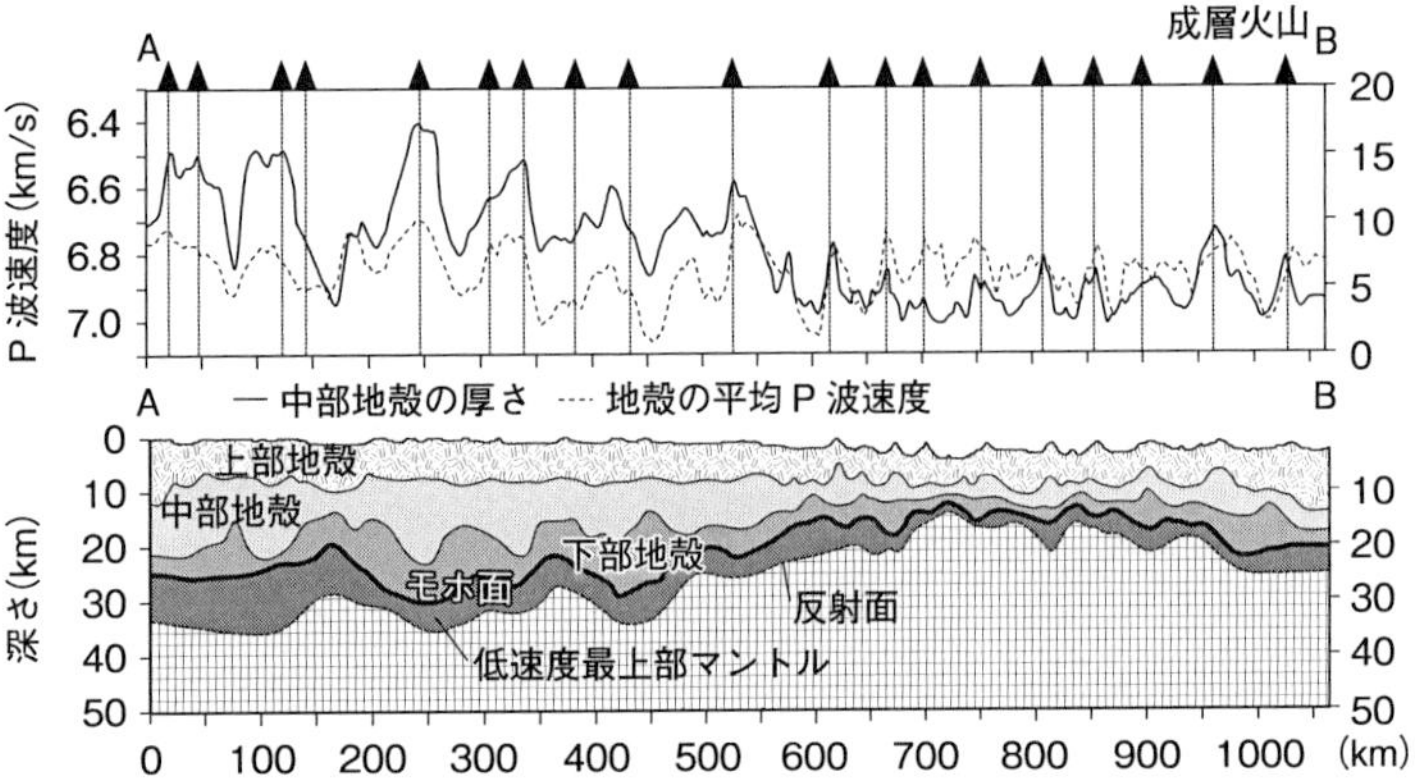

図 3-4　IBM 弧の地殻マントル構造と火山活動

の形成は、決して島弧の伸びの方向で一様に起こっているわけではない。中部地殻、そして島弧地殻全体でも、厚い所もあれば、比較的薄い場所もある(図 3 − 4)。そして興味深いことに、中部地殻が発達している所では、玄武岩質マグマの活動も見られる大型の成層火山が活動しているのだ。マントルで大量に玄武岩質マグマがつくられている所で安山岩質の大陸地殻がつくられている。まさに、海洋島弧が大陸地殻を形成している様子を見事に描き出したこれらの成果によって、「大陸は海で誕生する」というまるで禅問答のような考え方が、世界中でだんだんと受け入れられるようになった。

大陸地殻のつくり方——モデルとその検証

いよいよ、大陸地殻形成論のクライマックスで

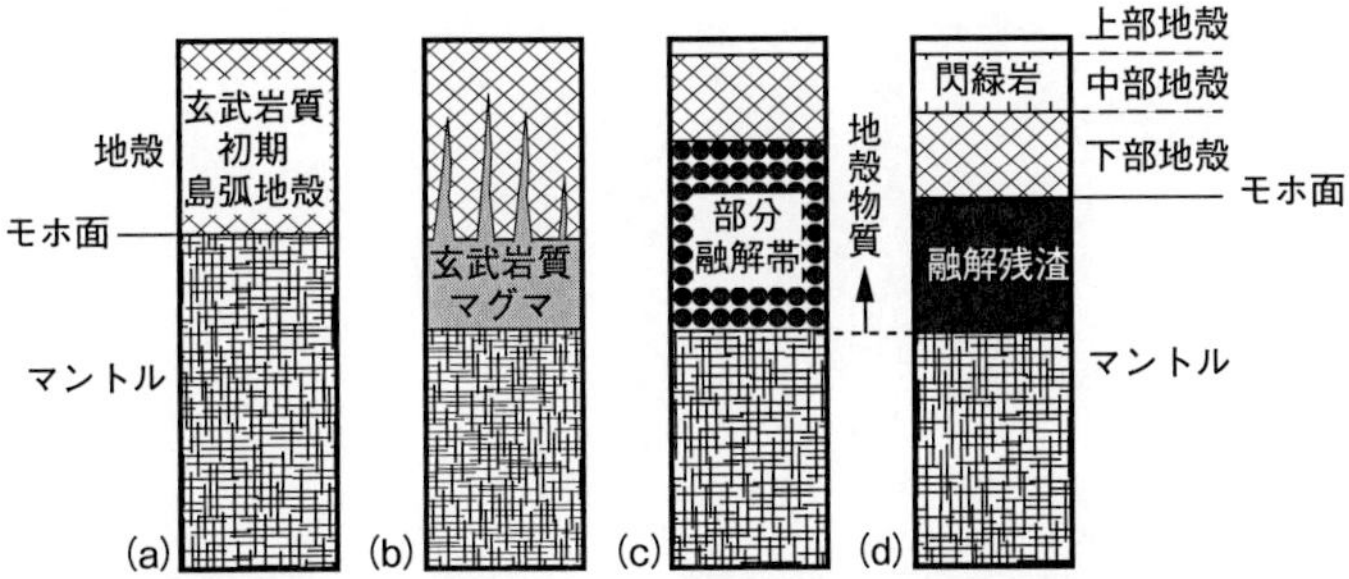

図 3-5　地殻進化モデル

ある。先に述べた、大陸地殻に相当する中部地殻や、低速度最上部マントルなどの特徴的な層を含むＩＢＭ弧の地殻とマントルは、どのようなプロセスで形成されたのか？　この問題を前章で解説したカルクアルカリ安山岩の成因論とあわせて考えてみることにしよう。わたしたちの考えるモデルは次のようなものである（図３－５）。

（a）　プレートの沈み込みによってマントルで発生した玄武岩質マグマが固結して、既存の海洋地殻を置き換えながら、「玄武岩質初期島弧地殻」をつくり出す。

（b）　引き続きマントルで発生したマグマが、島弧地殻直下まで上昇し、地殻の底へくっついたり、地殻内へ貫入する。

（c）　このマグマは、地殻物質のソリダスよりも高温（一三〇〇℃）であるために、玄武岩質地殻物質は部分融解し、二酸化ケイ素量が七五％の流紋岩質マグマと四七％程度の融解残渣がつくられる。

(d) この流紋岩質マグマとマントルから供給される玄武岩質マグマが混合・固結することで、代表的な大陸地殻(二酸化ケイ素量六〇％、深成岩の名称は閃緑岩)がつくられる。

このモデルで重要な点は、玄武岩質初期地殻が部分融解して安山岩質の中部地殻をつくる過程で、生産物である中部地殻よりはるかに多量の融解残渣が生まれることである。最もありそうな場合を考えてみよう。つまり、玄武岩質地殻が一〇％融解して流紋岩質マグマができる。この流紋岩質マグマと玄武岩質マグマを一対一で混合して安山岩質のマグマをつくるとする。そうすると、厚さ五キロメートルの中部地殻の四・五倍、すなわち二〇キロメートル以上の厚さの融解残渣が必然的に生まれていることになる。したがって、融解残渣、残存初期地殻、中部地殻などの地殻物質が、地震学的に認められる平均約二〇キロメートルの厚さの島弧地殻の中に収まっているとは考えられない。つまり、図3－5に示すように、地殻物質である融解残渣は、地震学的にはマントルに分類される領域に分布している可能性が高い。この問題を含めて、今回のモデルが、観測された地震波速度構造と整合的かどうかを検証してみることにしよう。

検証は以下の過程と手順で行う。

・初期島弧地殻は、代表的なＩＢＭ玄武岩と同じ組成とする。
・この玄武岩について行った高温・高圧実験の結果に基づき、流紋岩質マグマおよび混合生成物である安山岩質マグマ、融解残渣の組成を求める。混合比は安山岩質マグマの二酸化ケイ素量が大陸地殻と同一（六〇％）となるように求める。
・ＩＢＭ弧下の代表的なマントル物質は、これまでにＩＢＭ弧の海溝側斜面などで採取されたカンラン岩で代表させる。
・これらの地殻マントルの各層の組成、平均的な厚さ、平均的な温度分布に基づいて、各層がどのような深成岩で構成されるか、つまり鉱物の組合せと割合を求める。この推定には、これまでに得られている実験データや熱力学的パラメータを用いる。
・鉱物組合せ・割合に基づき、地震波伝播速度および密度を、すでに提唱されている半理論的手法を用いて推定する。

図３‐６に、わたしたちの大陸地殻形成モデルが予想する、ＩＢＭ地殻・マントルのＰ波速度を、観測結果とあわせて示す。大陸地殻の化学組成と特徴が一致するカルクアルカリ安山岩の成因として、現時点で最も合理的であるモデルを用いることで、ＩＢＭ弧で観察される地震波速度構造をうまく説明していることが確認された。とくに、安山岩質の大陸地殻（中部地殻）をつくる際に、必然的に生み出される融解残渣は、地殻の中に収まっているのでは

なく、最上部マントルを構成していることが重要な点だ。

大陸地殻が安山岩質になる理由——透明なモホ面の役割

確かに、大陸は海でつくられているようだ。マントルでつくられた玄武岩質マグマの固結や再融解、それにマグマの混合によって、ＩＢＭ弧では立派に安山岩質の地殻が成長しつつある。しかしこれだけではまだ、大陸地殻の形成がわかったとはいえないだろう。島弧地殻の一部に安山岩質の部分が形成されるだけではなく、さらに島弧地殻全体が安山岩質に進化（分化）してしまわないといけないのだ。

先に述べたように、玄武岩質の初期地殻から安山岩質の中部地殻（大陸地殻）をつくり出す過程では、元の玄武岩より二酸化ケイ素成分に乏しい融解残渣が生み出される。そしてその融解残渣は、現在では地殻の一部としてではなく、モホ面の下、つまりマントルの最上部に位置しているのである（図３－５、図３－６）。言い換えると、島弧地殻の進化過程では、大陸地殻を形成すると同時に、融解残渣をマントルへと吐き出しているのだ。

モホ面は、一般には玄武岩質の地殻とカンラン岩質のマントルの境界をなすリジッドな境界だと考えられている。しかし、少なくとも島弧地殻とマントルの境界をなすモホ面は、もっと曖昧で、地殻物質が通り抜けることができる性質をもっているのである。わたしたちは

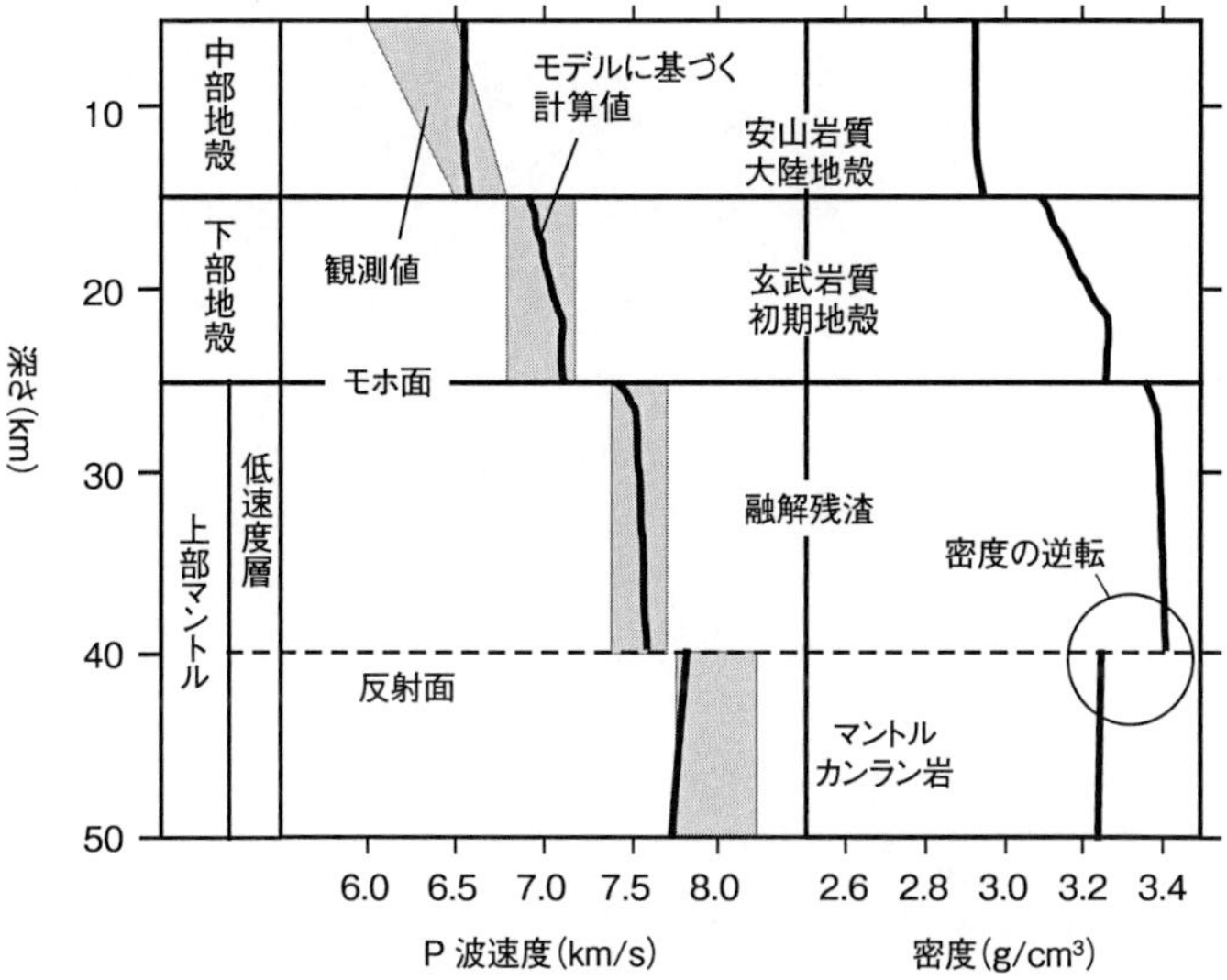

図 3-6　IBM 地殻・マントルの P 波速度と密度予想と観測値

このことを強調するために、「透明なモホ面」という言葉を用いた。

二酸化ケイ素の含有量に注目して、もう一度このプロセスをまとめてみよう。最初、島弧地殻の二酸化ケイ素量は五〇％。それが部分融解して七五％の流紋岩質マグマと四七％の融解残渣ができる。流紋岩質マグマはマントルから供給される玄武岩質マグマと混合して、二酸化ケイ素六〇％の中部地殻をつくる。そして、元の地殻より二酸化ケイ素の少ない融解残渣がマントルへと排出されることで、島弧地殻全体はだんだんと二酸化ケイ素量が増えていく、つまり大陸地殻へと進化していくのだ。ＩＢＭ弧について計算してみると、この島弧地殻は全体としては二酸化ケイ素量は五五％強であり、まだまだ大陸地殻化していないことがわかる。下部地殻として残っている玄武岩質の初期地殻をさらに再融解させて、融解残渣を吐き出さないといけないのだ。

透明なモホ面、という言葉と一緒に、わたしたちはもう一つ新しい単語をつくった。それは「反大陸」である。安山岩質の大陸地殻の形成と同時にマントルへ排出される融解残渣。これはまさに、大陸と対につくられる物質であるという意味だ。なんだか物理の世界での「物質」と「反物質」のようで、この名前はちょっと気に入っている。

成熟した大陸への道——反大陸のデラミネーションと島弧衝突

海洋島弧では、透明なモホ面を通して、地殻から二酸化ケイ素の乏しい反大陸をマントルへ吐き出している。こう考えることで、島弧地殻が玄武岩質から安山岩質へ分化する理由やプロセスがわかったことになる。しかしまだこれだけでは、大陸ができたとはいえない。その理由は二つ。まず、安山岩質の島弧地殻がつくられてはいるのだが、その下には「反大陸」がべったりくっついている。この部分は立派な大陸の下にあるマントルよりも、P波伝播速度が遅い低速度層なのだ。こんなものがくっついていたのでは、とても正真正銘の大陸とはよべない。

もう一つの問題は、ＩＢＭ弧は「列島」とよばれるように、点々と島が線状に並んでいる状態にあることだ。これは、いわば「小陸」が点在しているとでもいうべきものであり、決して大陸ではない。では、この二つの問題はどのように解決することができるのだろうか？

ここで図3－6をもう一度ご覧いただきたい。最新の安山岩成因論に基づいて、ＩＢＭ弧の地殻とマントルの物性を計算したものだ。今注目するのは密度、すなわち岩石の重さだ。この図に示してある四つの層では化学組成が異なるために、当然、密度も異なっている。また、地球内部へ行くにつれて圧力が増加することが原因で、密度も増大している。しかし、最上部マントルの低速度層(融解残渣＝反大陸)は、その層の直下のマントルに比べて密度が大きくなっている。密度逆転が起こっているのだ。その原因は、反大陸物質がマントルに比べてアルミニウムが多いために、密度の大きなザクロ石が出現していることにある。

重いものが軽いものの上に載っている。これは明らかに不安定である。おまけに下にあるマントルは温度が高いために粘性が小さい。いわばサラサラの状態である。こんな不安定を自然が許しておくはずがない。沈み込み帯の火山の源ともいえるマントルダイアピルが上昇するメカニズムとしても述べた「レイリー・テイラー不安定」(三七ページ)が生じているはずだ。ただし、今度は不安定になった反大陸は、地球の中心に向かって落ち始める。このように、薄い層状の構造(ラミネーション)が崩壊することを「デラミネーション」とよぶ。

反大陸のデラミネーションがどの程度のタイムスケールで起こるのかは、まだよくわからない。反大陸やマントル物質の温度や物性がよくわからないのが原因である。地震波を使った沈み込み帯の可視化や数値シミュレーションなどを組み合わせて、デラミネーションの実態に迫ることが期待される。またいったん落下し始めた反大陸は、どのような運命をたどるのか？　この問題はマントル全体の進化にも大きな影響を及ぼす可能性があるので、これについては次章で触れることにしよう。

次の課題は、大きな大陸をつくるメカニズムだ。このことを考える上でも、ＩＢＭ弧は大切な情報を与えてくれる。図３－１を見ていただきたい。ＩＢＭ弧を載せたフィリピン海プレートは、南海トラフからユーラシアプレートの下へ沈み込んでいる。近未来に海溝型巨大地震の発生が確実である南海・東南海・東海地域では、この沈み込みによって歪みが蓄えられているのだ。南海トラフを東へたどると、このプレート境界は伊豆半島の北側の陸域へ上陸してしまう。この「本州・伊豆衝突帯」が、フィリピン海プレートの北進に伴ってＩＢＭ弧が本州に衝突している現場である。ＩＢＭ弧の地殻が四国海盆のそれに比べて軽いために、海溝から潜り込めずに衝突しているのだ。衝突帯にある丹沢山地は、標高こそそれほどではないが、活発な隆起と浸食の結果、急峻な地形が特徴となっている。

最近になって、この丹沢山地をつくる花崗岩は、衝突事件に伴って、ＩＢＭ弧の地殻が再融解してできたことが明らかになりつつある。事の起こりは、丹沢山地をつくる安山岩組成の深成岩に対する年代測定の結果であった。これまでこの岩体については、いくつか放射年代測定が行われていたが、コンセンサスは得られていなかった。多くの研究者はこの岩体は中期中新世、今から一五〇〇万年ほど前にできたと考えていた（図3－7a・b）。日本海の拡大に伴い日本列島が大陸から離れて南下し、IBM弧と本州が衝突してIBM弧の地殻がのし上げたものが丹沢岩体であると考えていたのである。しかし丹沢岩体に含まれるジルコンについて注意深く行ったU－Pb年代測定の結果、丹沢岩体を構成するマグマは今から約五〇〇万年前、つまりIBM弧の衝突開始よりは明らかに新しい時代につくられたものだった。化学組成も考え合わせると、未成熟な大陸であるIBM弧が衝突する過程で再融解して、丹

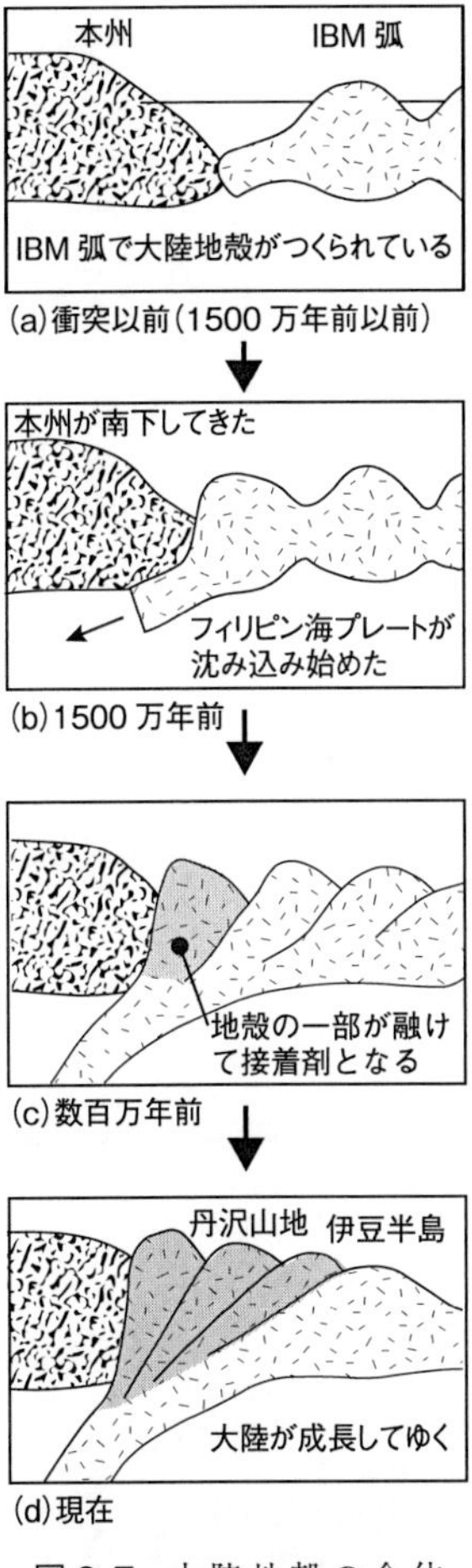

図3–7　大陸地殻の合体成長

沢岩体として衝突する島弧地殻を本州地殻にしっかりと接着しているのである(図3－7c・d)。このような大陸同士の衝突に伴う花崗岩の形成は、約五〇〇〇万年前に衝突を始めたインド大陸とアジア大陸の接合部では大規模に起こっている。まさに本州・伊豆衝突帯は、衝突・合体による大陸地殻の成長の現場なのである。

このような島弧同士の衝突現象は、現在の地球ではめずらしい現象だ。しかし、創成期の地球では、現在よりもはるかに頻繁にこの現象が起こっていたに違いない。現在に比べて高温で粘性が小さかったマントルでは、対流のスケールがはるかに小さく、地球上のいたるところで沈み込み帯がつくられ海洋島弧が誕生していたはずだ。当時はまだ大陸は存在していなかったが、点在する島弧が活発に衝突を繰り返して合体していったに違いない。そしてやがて、巨大な大陸へと成長していったと考えられる。現在の本州・伊豆衝突帯では、地球創成期の大陸誕生のドラマが再現されているといえるだろう。

4 サブダクションファクトリー
——その地球進化における役割

この惑星でプレートテクトニクスが始まったのは、おおよそ三八億年前だといわれている(図1-3)。前述したように、グリーンランドのイスアに、プレートの上に載っていた、海底を構成するいろいろな岩石や地層が、プレートが沈み込む際に陸側へペタペタとくっついた特徴的な地層群である「付加体」が見つかっているのだ(一二ページ)。

一方で、大陸地殻は沈み込み帯でつくられる。すると地球では、もちろん盛衰はあったに違いないが、三八億年前からずっと大陸がつくられてきたに違いない。言い換えると、沈み込み帯はまるで「工場」のように、日夜製品である大陸地殻をつくってきたのだ。そういえば、沈み込み帯には「煙突」よろしく火山から噴煙があがっているではないか。また、その製造工程では少なからず振動があり、地震にたとえることもできる。そう、沈み込み帯はまさに工場なのだ。このことを少しでもインパクトのある言葉で表そうと思いついたのが、「サブダクションファクトリー」だ。サブダクションは、「沈み込み」の意味だ。でもこの名前はちょっと長い。ここでは、「サブファク」と縮めることにしよう。

それでは、サブファクの工場見学ツアーを始めることにしよう。ツアーが終わるころには、大陸の形成のほかにも、この工場が惑星地球の進化に大きな役割を果たしてきたことを納得していただけるだろう。

サブファクの原材料と製品、その製造工程

この工場への原材料搬入システムは、見事なまでに自動化されている。地球中心と表層の六〇〇〇度にもおよぶ温度差を解消するためにマントルは対流し、プレートは移動する。このプレートがベルトコンベアーのように、サブファクの原材料を工場内へ運び込んでいるのだ（図4-1）。プレートがもち込む原材料は、「海洋物質」つまり、海底堆積物、海洋地殻、それと海洋マントルだ。ここで、念のためにもう一度確認をしておきたいことがある。それは、海洋地殻と海洋プレートは同一ではないことだ。プレートは剛体としての特性をもつ、力学的に定義されたものである。一方、地殻とマントルはその物質、すなわち化学組成が違うのだ。

サブファクにはもう一つ原材料がある。それは、沈み込むプレートと沈み込み帯の地殻にはさまれたマントルウェッジの物質だ。たとえば製鉄所は、特定の鉱石（鉄鉱石）の産地に建

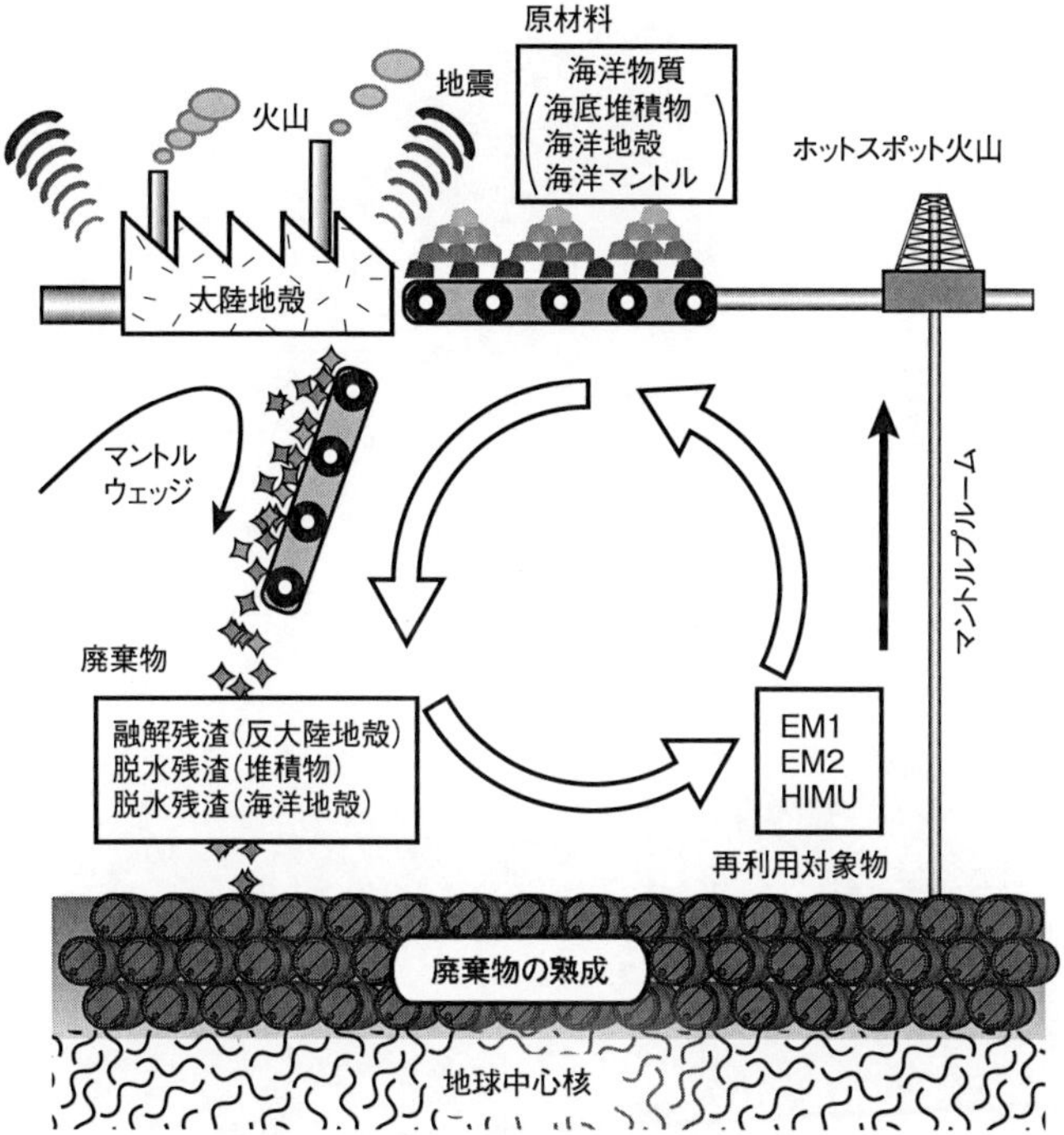

図 4-1　サブダクションファクトリー

設されて、石炭や石灰などのほかの原料を運び込む場合が多かった。では、サブファクでは、特定のマントル物質が存在する所でプレートの沈み込みが開始して、工場として稼働を始めるのだろうか？　実は、プレートの沈み込みがなぜどこで始まるのかは、今でもよくわかっていない。おそらくは、ある程度古くなって重くなったプレートが、断層に沿って落下を始めるのであろう。ただ、将来、マントルウェッジとなる上部マントルが、他地域の海洋マントルと大きな化学組成の違いがあるとは考えにくい。というのも、海洋島弧で見られるマントル由来の玄武岩質マグマの化学組成は、おおよそ均質なのだ。そして、たとえば海嶺玄武岩を生み出すマントルと同じような組成のマントルが、原料であると考えて矛盾はない。

さて、サブファクの代表的な製品は、いうまでもなく大陸地殻だ。一方でこの工場では、結構多彩で有用な、ほかの製品もつくり出している。たとえば、「メタンハイドレート」。メタンと水からなるシャーベット状の物質で、これまでの化石燃料に比べて二酸化炭素排出量が約半分と少なく、夢の新エネルギーと期待されているものだ。このメタンハイドレートは、サブファクの原材料の一つである海洋堆積物や付加体・海溝斜面堆積物の中で行われる微生物の活動によって製造されるといわれている。サブファクの代表である日本列島近傍にも、大量のメタンハイドレートが貯蔵されているといわれている。その総量は六兆立方メートル、日本での年間天然ガス使用量の一〇〇年分に相当するともいわれている。とくに、フィリピン海プレートが沈み込む南海トラフ域には多量のメタンハイドレートが存在する。そのほかにも、いわゆる「資源」関連の製品も、サブファクでは結構つくっている。高濃度のレアメタルや鉛・銅の鉱石として有名な「黒鉱」は、日本列島ではすでに掘り尽くされてしまったが、ＩＢＭ弧や沖縄トラフの熱水活動域では、現在でも盛んに生産されているらしい。

サブファクでの製造工程、すなわち原材料である海洋物質とマントルウェッジ物質をどのように加工するかは、これまでくわしく述べてきた。ここでは復習のつもりで、図２－３を見ながら、簡単にまとめておくことにしよう。

サブファクでマグマを生産する工程では、海洋物質はそのまま材料として用いられるのではない。海洋物質の中から、マントル物質のソリダスを下げる「触媒」として用いる水や、製品の特性を特徴づける添加物として使う特定の元素を抽出するのだ。

抽出されたこれらの二次原料は、図２－３に示したように、別のベルトコンベアー(引きずり込まれる含水マントル層)に載せられて、さらに工場の奥の方へもち込まれる。ある場所(深さ約一〇〇キロメートル)で再び抽出された触媒と添加物とを、もう一つの原材料であるマントルウェッジ物質と反応させてマグマをつくる。この最初のマグマは、さらに温度や組成が調整され、冷え固められて玄武岩質の島弧地殻となる。さらにこれを再融解させたり、マグマを混合することで、最終的に大陸地殻という製品をつくり出しているのだ。

さてここで、海洋物質から抽出される添加物の性質を述べておこう。この添加物は、脱水分解反応によって水とともにプレートから取り出される。図4―2aに、海洋物質が脱水分解することで、どのような元素がどの程度抽出されるのかを調べた実験結果を示す。図では、移動度が高いほど抽出されやすいことを示している。沈み込むプレート内の海洋マントルも、重要な原材料ではあるが、沈み込み帯の玄武岩や大陸地殻への添加物となる元素はほとんど含まないので、ここでは堆積物と海洋地殻を扱うことにする。図の横軸にはいろいろな元素がとってあるが、左側の元素ほど、マントル物質が部分融解するときに固相（マントル）よりも液相（マグマ）の方に濃集する元素（液相濃集元素）を並べている。この実験結果から、ルビジウムRb、バリウムBa、カリウムKなどの価数が小さくイオン半径が大きな元素が水とともに移動しやすいことがわかる。逆に、ニオブNbやジルコニウムZrのように、価数が大きくてイオン半径の小さい元素はほとんど水に溶け込まない。つまり、大まかには、イオン半径と価数の比（イオンポテンシャル）が大きい元素は水とともに移送されやすい傾向にあるわけだ。しかし、明らかな例外は鉛である。この元素は、脱水分解反応によってほとんどすべてがプレートから抽出されて、マグマ発生の添加物として用いられているらしい。

図4―2aは、沈み込むプレートの温度・圧力を再現して行った実験の結果だ。果たしてこの結果で、製品の化学的な特徴をうまく説明できるのだろうか？　図4―2bをご覧いた

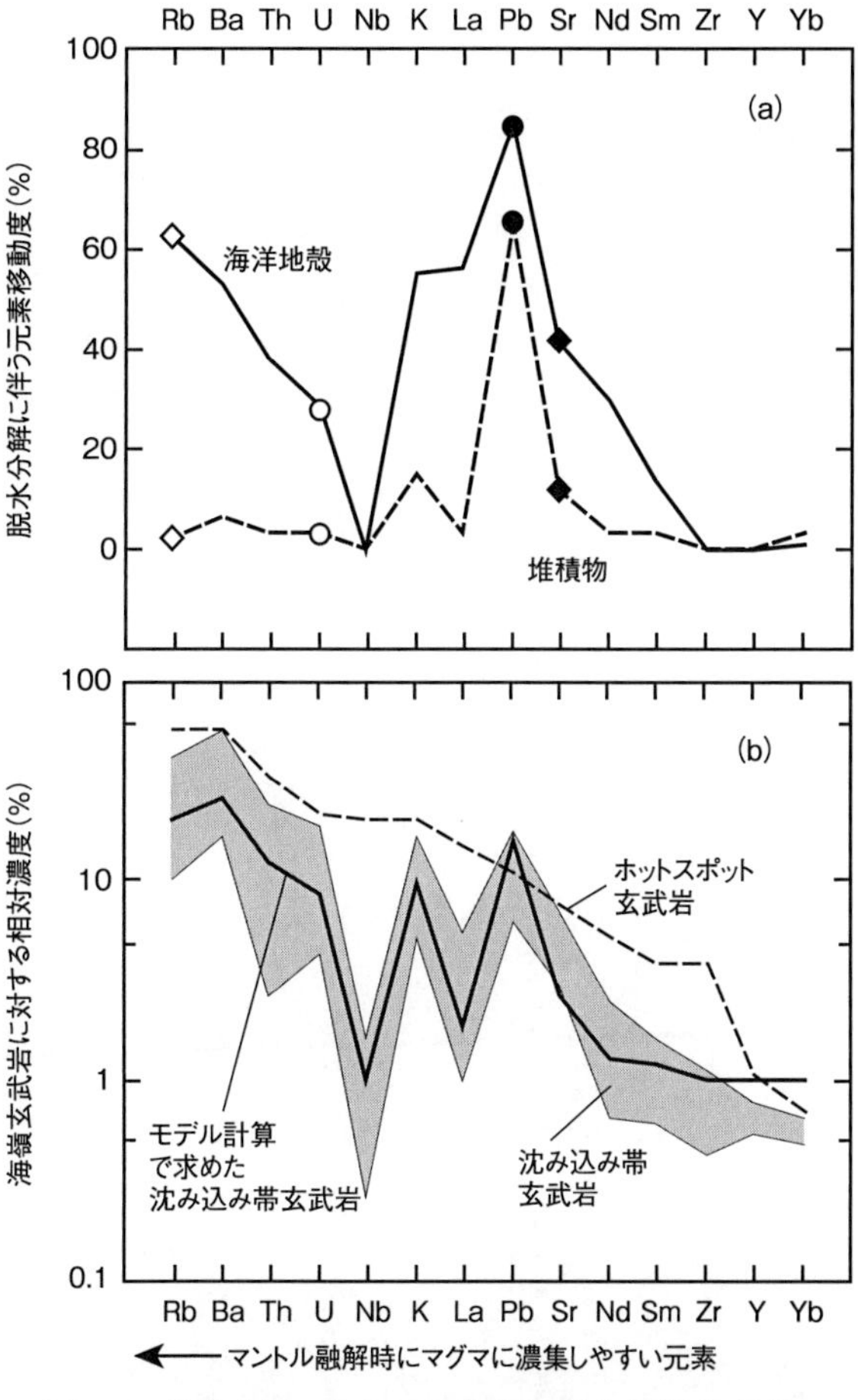

図 4-2　脱水分解に伴う元素移動度(a)と海嶺玄武岩に対する沈み込み帯マグマの化学的特徴(b)

だきたい。ここでは、地球上の代表的な三つの玄武岩——海嶺玄武岩、ホットスポット玄武岩、そして沈み込み帯玄武岩——の特徴を見るために、海嶺玄武岩に対するホットスポットおよび、沈み込み帯玄武岩の元素濃度を示す。海嶺玄武岩を基準とする理由は、海嶺玄武岩マグマの元となる上部マントルは、沈み込み帯のマントルも含めて、地球の浅い部分のマントルを構成する代表的なマントルであるからだ。つまり、海嶺玄武岩と沈み込み帯玄武岩を比べることで、サブファクの製造工程で添加される元素を見つけ出すことができる。これらに対してホットスポット玄武岩マグマは、もっと深いマントルにその起源がある。図4－2bを見ると、ホットスポットの起源である深部マントルは、上部マントルとはずいぶんと違う特性をもっていることがわかる。

さて、図4－2aの実験データと、図2－3で説明したサブファクにおける玄武岩質マグマの製造工程とを用いてモデル計算を行い、仮想的な沈み込み帯玄武岩マグマの化学的特徴を再現したものを、図4－2bにプロットする。沈み込む堆積物や海洋地殻から抽出された元素を、海嶺玄武岩をつくり出す上部マントルに添加して、部分融解するわけだ。そうすることで、見事に沈み込み帯玄武岩の特徴を再現できていることを見てほしい。もちろん、さらに玄武岩質島弧地殻を再融解して安山岩質大陸地殻をつくる工程までをモデル計算すると、大陸地殻の化学的特徴もうまく再現することができる。

サブファクの廃棄物とその行方

工場での製造工程では、多かれ少なかれ不要物が生み出され、これらは「廃棄物」として処理されている。最近では「エコ」に対する意識の高まりや原材料の枯渇などを受けて、可能な限り廃棄物を「再利用対象物」とする試みも行われている。いわゆる「リサイクル」だ。サブファクでもご多分に漏れず、少なくとも三種類の廃棄物が排出されている。まずは、堆積物と海洋地殻から水と添加物となる元素を抽出した二つの「脱水残渣」、それに、玄武岩質島弧地殻から安山岩質大陸地殻をつくる際にマントルへ吐き出された「反大陸物質」(融解残渣)である(図4－1)。脱水残渣はプレートの一部としてさらにマントルの深部へと落下していくであろうし、反大陸物質も先に述べたようにデラミネーションを起こす。これらのサブファク廃棄物は、一体どこへ運ばれていくのだろうか？　どこか地球の深い所へ「不法投棄」されてしまっているのだろうか？　この問題を解くには、マントル物質とこれらの廃棄物の密度を比べてみることが必要だ。

マントルの密度を推定する最も標準的な方法は、地震波の伝わる速さが媒体の密度に依存することを利用して、観測値から得られたマントル内の地震波の伝播速度を用いて計算するものである。このようにして求められたモデルはＰＲＥＭ(Preliminary Reference Earth Model)とよばれている。図4－3に、PREMに基づく密度プロファイルを示す。密度が不連続に変化する所では当然、地震波伝播速度も不連続となる。第1章で述べたように、このような不連続面は、マントルを構成する鉱物の相変化が原因だ。

さて、海洋地殻に関しては、その代表的な構成物質である海嶺玄武岩について、マントルの全圧力範囲でその密度が高温・高圧実験によって求められている(図4－3)。もちろん、この成果もそのほとんどが、日本人研究者によるものだ。それによると、上部マントルでは海洋地殻は周囲のマントルに比べて常に重く、これが原因の一つとなってプレートは落下する。これは、海洋地殻には、上部マントルの主要鉱物よりも高密度のザクロ石が含まれているためだ。ところが、六七〇キロメートル不連続面を超えると状況は一変する。マントル物質では、その主要鉱物であるスピネルがペロブスカイトへと変化することで、一挙に密度を増す。一方で、海洋地殻ではまだザクロ石が主成分であるために、周囲のマントルよりも軽くなってしまうのだ。この「逆転関係」は、海洋地殻内のザクロ石がペロブスカイトに変化する八〇〇キロメートルの深さまでは保たれる。

「地震波トモグラフィー」によると、沈み込んだプレートは六七〇キロメートル不連続面あたりで停滞しているらしい。つまり、上部マントルから下部マントルへそのまま突き抜けて落下しているわけではないのだ。この「停滞プレート」の原因の一つが、ここで述べた海

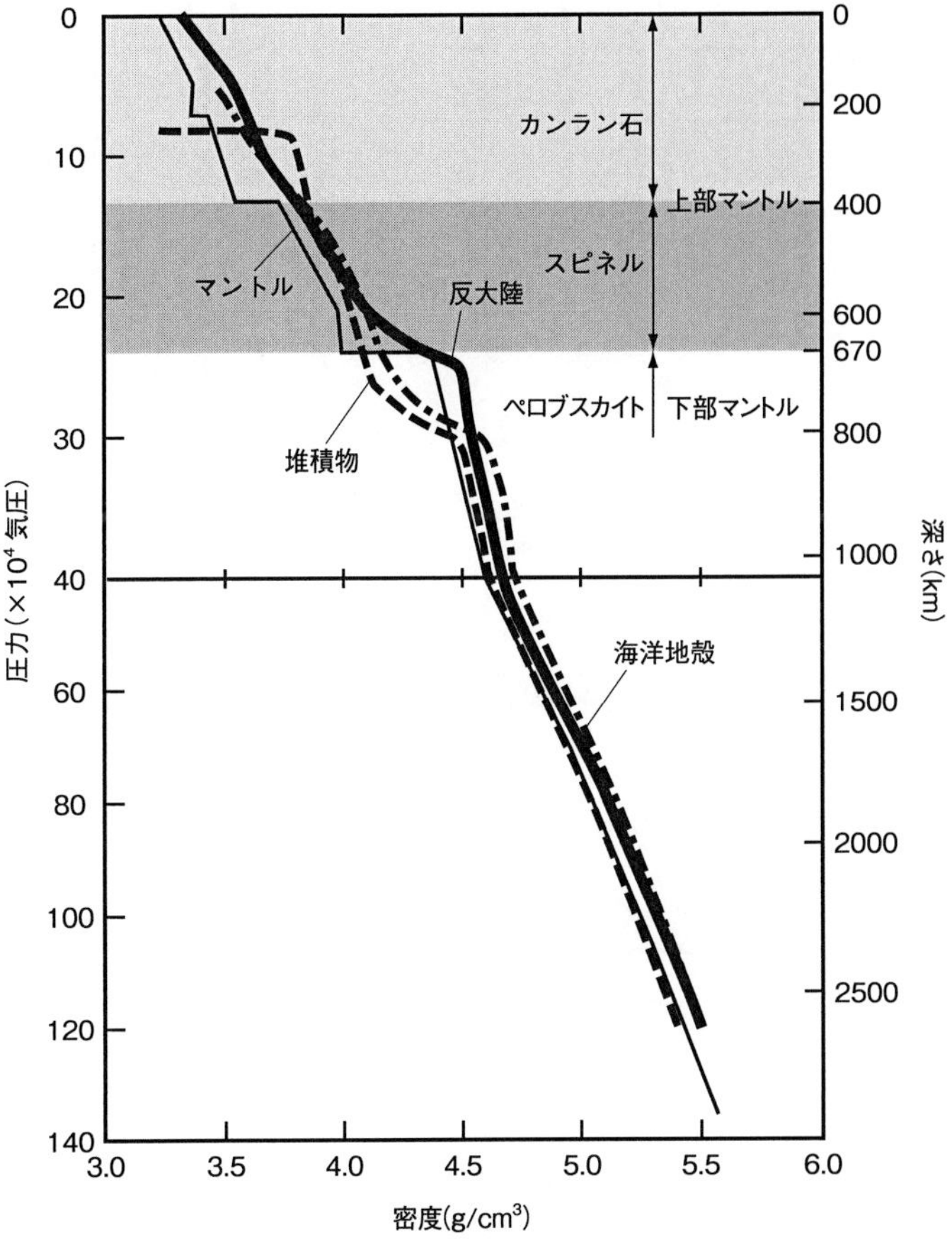

図 4-3 サブファク廃棄物とマントルの密度関係

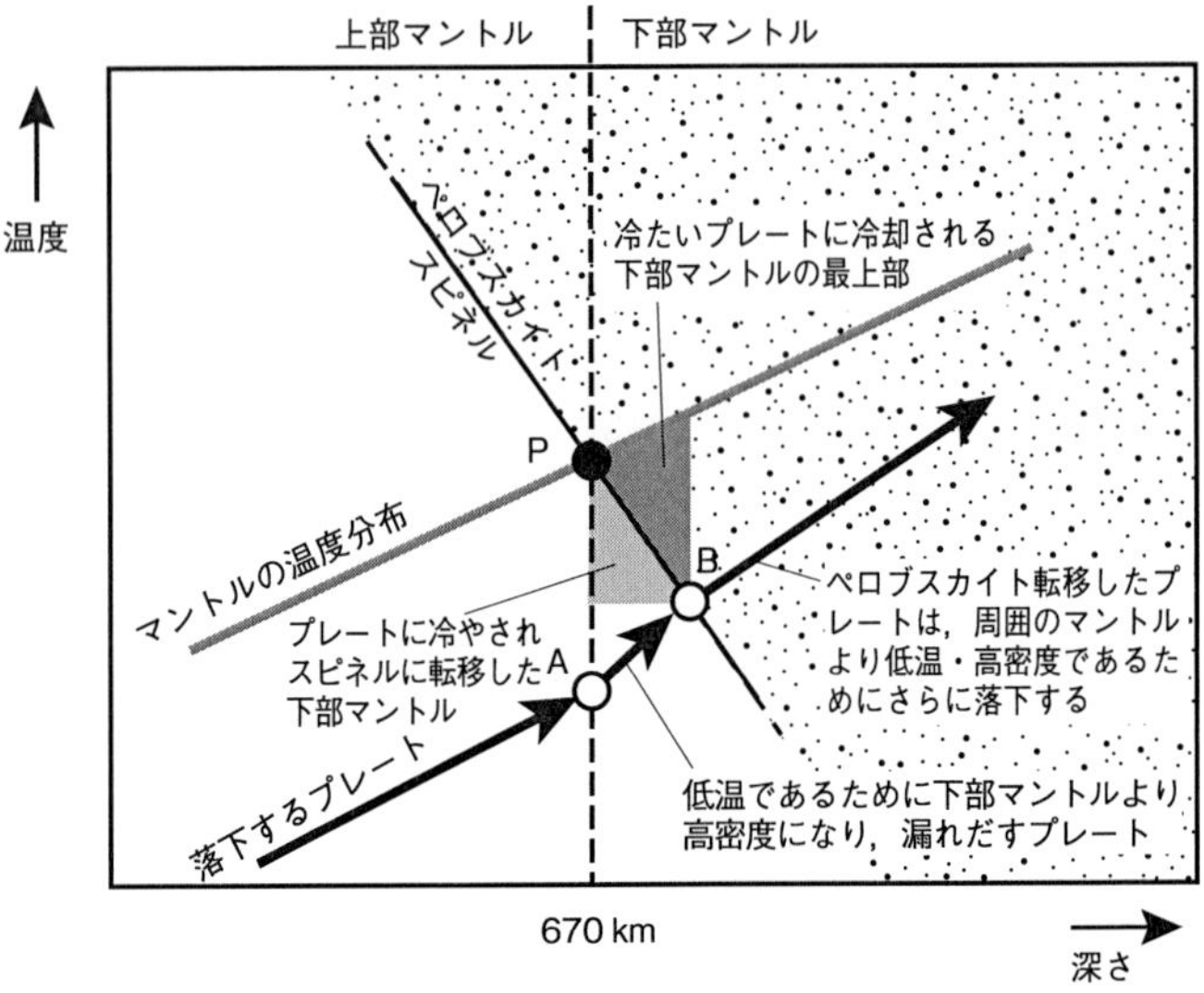

図 4-4　漏れだし

洋地殻とマントルとの密度逆転である。もう一つプレートが停滞する原因がある。それは、沈み込むプレートが周囲のマントルより低温であることだ。もちろん、これがプレート運動の駆動力となっている。図4-4に示す、スピネルがより高密度のペロブスカイトへ相変化する境界を例にして、説明しよう。この図で、スピネルからペロブスカイトへの転移境界が負の勾配をもっている点が重要である。このために、マントル物質が温度分布に沿って六七〇キロメートルの深さで転移が起こる(点P)のにもかかわらず、低温のプレート(海洋地殻より下部のカンラン岩部分)では相転移が起こらない。したがってプレートは、ペロブスカイトを主要鉱物とする周囲のマントルより軽くなって停滞するのだ(点A)。

では、プレートはもうここで、下部マントルへ入っていけないのだろうか？ そんなことはない。いったん停滞したプレートも、次のようなプロセスで再び落下を始める可能性が高い。図4-4でプレートの下にある下部マントルは、冷たいプレートで冷やされてしまう。するとこの部分はペロブスカイトからスピネルへと転移して密度が小さくなる。さて、この部分とその上に位置する停滞するプレートを比べると、どちらもスピネル相で構成されるが、プレートの方が冷たく、したがって重い。こうして、プレートが下部マントルへ漏れだすのである。さらに漏れだしが続くと、プレートはやがてペロブスカイトへと転移し(点B)、周囲のペロブスカイトで構成される下部マントルよりも低温であるために、さらに落下を続けることになる。プレートの大部分を占めるカンラン岩部分がこのような挙動をすると、海洋地殻も一緒に引きずり込まれて、最終的にはマントルの底に蓄えられる可能性がある。

もう一つの海洋物質廃棄物である堆積物についても、海洋地殻と同様、上部・下部マントル境界を境にマントル物質との密度関係が逆転する(図4-3)。下部マントル条件下で信頼できる実験データはいまだ得られてはいないが、鉱物の密度変化に基づく計算によれば、八〇〇キロメートル以深の下部マントルにおいては、堆積物はほぼマントルと同程度の密度を示すようだ。したがって、おそらくほかのプレート部分と運命をともにして、マントルの底まで落下していく可能性がある。しかしながら、物性が異なる堆積物、海洋地殻、海洋マントルが、互いに分離することなく一蓮托生の運命をたどるのかどうか、今後さらに検討する必要がある。

次は、反大陸物質だ。この廃棄物は、わたしたちが提唱したものであり、もちろんまだ実験のデータはなかった。そこで自前で実験を行うことにした。少し自慢をすると、わたしたちのグループは、東京工業大学・大型放射光施設ＳＰｒｉｎｇ《スプリング》－８《エイト》と共同で、二〇〇九年に三六四万気圧、六〇〇〇℃の条件での実験に世界で初めて成功し、「地球中心への一番乗り」を果たしたのだ。その意味では、マントル条件での実験は、わたしたちにとってはそれほど難しくはない。

その結果は、驚くべきものだった。ほかの廃棄物とは異なり、反大陸は、マントルのどの領域においても周囲の物質よりも高密度だったのである（図４－３）。この現象は、反大陸物質が海洋地殻に比べてアルミニウムに乏しく、そのためにザクロ石からペロブスカイトへの相転移が六七〇キロメートルの深さで完了してしまうことによる。

島弧地殻直下のマントルからデラミネーションした反大陸物質は、その後も真っ逆さまにマントルの底を目指して落下するのだ。プレートテクトニクスが始まって以来、地球はマントルの最上部に大陸をつくり、それと同時にマントルの底に反大陸をつくってきたのである。この惑星は、なんとダイナミックなことをやってのけるのだろう。

ところで、マントルの底に集積した反大陸の量はどれくらいになるのだろうか？ わたしたちの大陸地殻形成論によれば、反大陸の体積は大陸地殻の三〜四倍にも達する。したがって、現存する大陸地殻の体積に基づいて計算される反大陸の総量は、最低でも三〇〇億立方キロメートルにもおよぶ。つまり、マントルの底に約二〇〇キロメートルの層をなしているのである。ここで図1－4を見ていただこう。そして、マントルの最下部にあるD″層の厚さに注目していただきたい。二〇〇キロメートルと、わたしたちのモデルが予想する反大陸物質層の厚さと一致するではないか。先にも述べたように、D″層を形成するのはポストペロブスカイトの出現である。このペロブスカイト－ポストペロブスカイト転移に加えて、ほかのマントル部分と化学組成が異なっていることが、D″層の特徴なのだ。

もちろん、海洋地殻もマントルの底まで落下するとすれば、マントルの底に存在する特異な化学組成をもつ層の体積は約二倍以上になる。マントル最下部の特性をさまざまな観測データから再検討して、これらのサブファク廃棄物との関連を調べることが必要だ。

さて、サブファク廃棄物の廃棄場所、あるいは最終処分場はマントルの底なのだろうか？ それとも、これらの廃棄物はなんらかの形で再利用されているのだろうか？ もしも再利用されているとするならば、それはホットスポット工場の可能性がある。なぜならば、少なくとも一部のホットスポット火山の根っこはマントル最下部に存在するといわれているからだ。では次に、ホットスポット火山について眺めてみることにしよう。

ホットスポットとマントル深部の化学的特徴

地球上の火山活動は、プレートテクトニクスの言葉を借りると、海嶺などのプレート発散境界、沈み込み帯などのプレート収束境界、それとプレート内部のホットスポット火山で起こっている。ホットスポット火山とは、たとえばハワイ島のように、プレート内部に存在する火山で、その起源(熱源)が地球深部の「熱い点」にあると考えられるものだ。このように考えられてきた最大の要因は、ホットスポット火山がプレート運動の方向に沿って海山列を形成すること、そして現在活動的な火山から遠ざかるにしたがって海山の年代が古くなることである。プレート運動とは無関係なほどのマントル深部にホットスポット火山の起源があり、底からマントル物質が上昇して、マグマを噴出して火山をつくっている。それがプレート運動に伴い移動して、その結果として、古い火山ほど、現在活動的な火山から離れた場所に位置し、こうしてできる火山列の方向がプレートの運動方向を示しているのだ。このような、ホットスポット火山の下で起こっている現象は、地震波トモグラフィーによって可視化されている。たとえば南太平洋ポリネシアのホットスポット群の下には、全マントル規模の上昇流があると信じられている。

もしこのようにホットスポット火山がマントル深部起源のマグマを噴出するのであるならば、その溶岩の特性を調べることで、マントル深部の化学的特徴を理解することができるはずだ。とくに、大陸地殻の「汚染」を受けていない海域のホットスポット火山は、いわば格好の「地球深部へのドリルホール」なのだ。このような期待を込めて、これまで多くの地球化学者が海域のホットスポット火山に産する玄武岩の解析を行ってきた。その結果明らかになってきた化学的特徴を図4－5ａに示す。この図では、部分融解や結晶分化の過程でも変化しない、すなわちマグマの起源物質の特性を忠実に反映する「同位体比」、ここではストロンチウムと鉛の同位体比をパラメータとして採用する。この同位体比が意味するところはあとに解説することにして、ここでは、海域のホットスポット玄武岩のストロンチウムと鉛の同位体比が、結構ばらつきがあり、しかもそのばらつきには四つの頂点があることを理解いただきたい。このような化学的特徴を説明する一つの有力なメカニズムは、下部マントルの大部分を構成する始源的マントル（ＰＭ＝Primordial Mantle＝地球の起源物質である炭素質コンドライトから金属成分を取り去ったもの）のほかに、四種類の成分がマントルに存在し、これらをブレンドしたものがホットスポットマグマの起源マントル物質となっているため、というのが有力

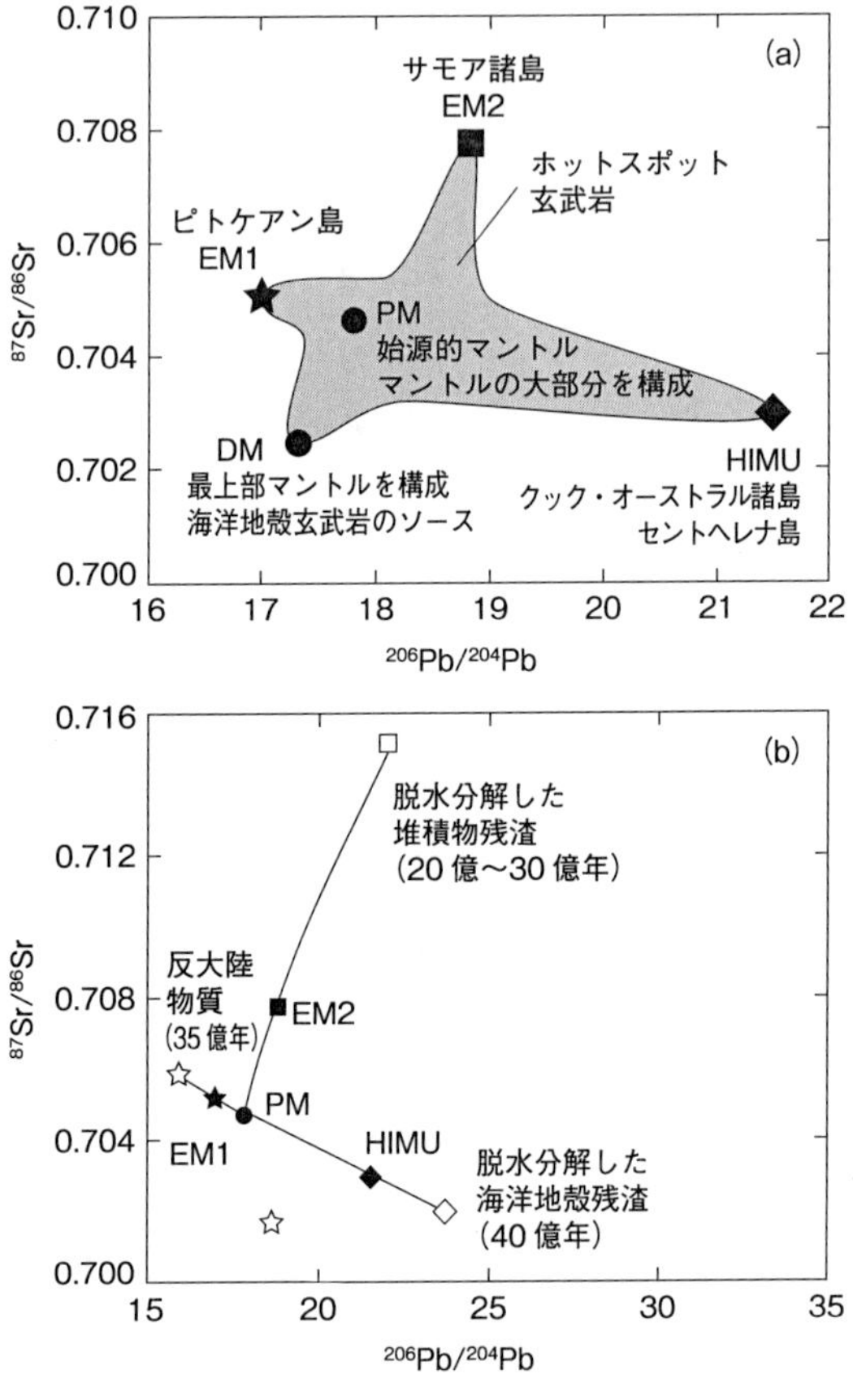

図 4–5　海域のホットスポット玄武岩が示す，マントル内の地球化学的貯蔵庫の特徴(a)とサブファク廃棄物の化学的進化(b)

な説である。このようにブレンドされる成分は、「端成分」とよばれる。

この四つのマントル端成分のうち、ストロンチウム同位体比、鉛同位体比ともに最も低い成分はＤＭとよばれる。この成分は、海嶺で生産される海洋地殻(海嶺玄武岩)に特徴的に見いだされるもので、最上部マントルの大部分を占めている成分だと考えられている。一方で残りの三つの端成分は、ホットスポット火山に特徴的に見いだされるので、これらこそが、ＰＭとともに深部マントルを構成する成分だといえよう。南太平洋のピトケアン島、サモア諸島に特徴的に見いだされる端成分をそれぞれ、ＥＭ１、ＥＭ２とよんでいる。また、南太平洋のクック・オーストラル諸島や南大西洋のセントヘレナ島では、ＨＩＭＵとよばれる成分が検出される。つまり、マントル深部には、通常の物質(ＰＭ)に加えて、三種類の「なんだか変な成分」が存在しているのである。

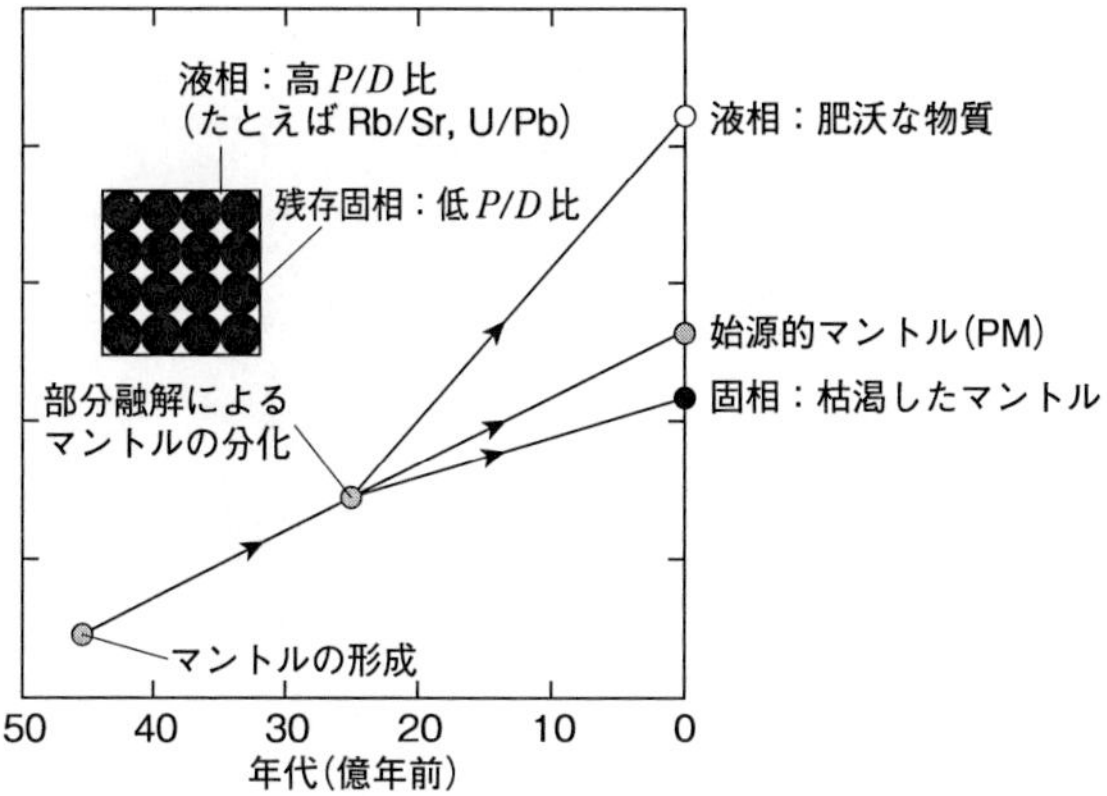

図 4-6　同位体比の進化．娘元素の同位体比の時間変化：$\frac{{}^{r}D}{{}^{s}D}=\left(\frac{{}^{r}D}{{}^{s}D}\right)_0+\frac{{}^{r}P}{{}^{s}D}(e^{\lambda t}-1)$

$\frac{{}^{r}D}{{}^{s}D}$ はたとえば $^{87}Sr/^{86}Sr$, $^{206}Pb/^{204}Pb$

　これらの三種類の成分は、最上部マントルを構成すると思われるＤＭに比べてストロンチウム同位体比、または鉛同位体比、もしくはその両方が高い値を示している。このようなマントル成分の特性がどのような原因によるのかを、図4－6を見ながら少し述べておくことにしよう。元素の中には放射性元素（親元素）とよばれるもののある核種（親核種）が、放射崩壊によって一定の割合で別元素（娘元素）のある核種（娘核種）に変化する。この過程で、親核種の数が半分になるまでの時間を半減期とよぶ。通常の分析では、親核種や娘核種の数そのものを数えるのは難しいので、放射崩壊しない安定核種との比を測定することが一般的である。親核種量を^{r}P、娘核種量を^{r}D、半減期をλ、安定核種量を^{s}D、時間をtとすると、もともとの娘元素同位体比に添字の0をつけて、娘元素の同位体比の時間変化は図4－6に示した式で表すことができる。

図4－6には、約四六億年前につくられた始源的マントルについて、ある娘元素同位体比の変化を模式的に示す。今、Rb－Sr系を例にとると、^{87}Rbの放射崩壊によって時間とともに^{87}Srが増えるので、安定同位体である^{86}Srとの比^{87}Sr／^{86}Srは高くなっていく。あるときに（図では約二五億年前）に親元素Rbと娘元素Srの比を変化させる事件が起きたとする。たとえばマントル物質の部分融解である。融解時には、Rbの方がSrより液相に多く分配されるために、液相およびそれが固結した物質は始源的マントルに比べてRb／Srが高くなる。その結果、この分化事件以降、始源的マントル物質に比べて分化した物質では^{87}Sr／^{86}Srは高くなっていく。一方、残存固相ではマントル物質に比べて^{87}Sr／^{86}Srは低くなる。元の物質に比べて親元素／娘元素比が

高い物質に対しては「肥沃な(enriched)」、一方、この比が低い物質には「枯渇した(depleted)」という形容詞が用いられる。このように、対になる肥沃な物質、枯渇した物質、始源的な物質などについて放射性同位体比と親元素／娘元素比を測定すれば、分化イベントの特性やその事件が起こった年代を推定できる可能性がある。

さて、もう一度、図4－5aのホットスポットマグマの起源物質の特性を見ていただこう。海洋地殻玄武岩の起源物質(最上部マントル、DM)は始源的マントル(PM)に比べてSrとPbについて「枯渇」している。DM(depleted mantle)とよばれる所以だ。このマントルに対する分化事件は、海洋地殻および大陸地殻の形成であるといわれている。一方、そのほかの端成分はいずれもSrとPbの両方、またはそのいずれかがPMに比べて「肥沃」な特性をもっている。マントルの同位体比の地球化学的な特徴をまとめると、始源的なマントルに加えて、三種類の肥沃な端成分がマントル深部に、枯渇した端成分が最上部マントルに存在しているということができる。

サブファク廃棄物の熟成とリサイクル

マントルの深部には三種類の肥沃な成分が存在している。一方で、サブファクでは三種類の廃棄物がつくり出されて、マントルの深部へもち込まれてきた。この進化や発展を意味するともいわれる「3」という数の符合は偶然だろうか？　それとも何かつながりがあるのだろうか？　三種類のマントル深部成分を特徴づけるのは、それらの同位体比の特徴である（図4－5）。したがって、これらとサブファク廃棄物の関連を調べるには、廃棄物の同位体比の特性を調べればよい。

先に述べたように、ある物質の同位体比は、その初期値、親元素と娘元素の比、放射崩壊の時間の関数である（図4－6）。三種類のサブファク廃棄物について、これらのパラメータを検討して、プレートテクトニクスが作動を始めて以来、マントル深部に蓄えられてきた物質がもっている現在の同位体比を求めてみることにしよう。

まず初期値に関しては、現在のマントルや大陸地殻の同位体比と元素濃度、それに変質した海洋地殻に関しては海水の同位体比組成などに基づいて、廃棄物が形成された時点での同位体比を求めることができる。次は廃棄物中の親元素と娘元素の比である。反大陸物質については、玄武岩質の初期島弧地殻から安山岩質の大陸地殻をつくる残渣として元素濃度を求めることができる。また、堆積物と海洋地殻に関しては、図4－2aに示したように、脱水分解反応に伴う元素移動度が求められているので、これに基づいて脱水分解残渣中の元素濃度を求めることができる。図4－2aを見ると、たとえば海洋地殻が脱水分解すると、ウラン（○）に比べて鉛（●）がより多く、抜き取られる。その結果が脱水分解した海洋地殻残渣（廃棄物）では、U／Pb比が元の海洋地殻より高くなり、逆にRb／Sr比は低くなることがわかる。このようにして求めた、脱水分解残渣や融解残渣中の親元素と娘元素の比を用いれば、図4－6の式に示した関係を用いて、過去のある時点から現在までに蓄えられてきた三種類のサブファク廃棄物の同位体比を求めることができるのだ。図4－5bには、過去四〇億年間、脱水分解によってつくられて蓄えられてきた海洋地殻残渣、二〇億～三〇億年間蓄えられてきた堆積物残渣、そして三五億年間つくり続けられてきた反大陸物質が現在もつ同位体比を示してある。

ここで重要なのは、これらの廃棄物とマントルの大部分を占めると考えられる始源的マントル（PM）の混合線上に、三種類のマントル深部成分がプロットされることである。つまり、サブファク廃棄物の熟成によってつくられた物質が、マントル深部の肥沃な成分に進化していると考えられるのだ（図4－1）。

今ここで求めた廃棄物の貯蔵期間も意味のある数字だ。海洋地殻に対して得られた四〇億年という値は、まさにプレートテクトニクスが最初に作動し始めた年代に等しい。また、反大陸について得られた三五億年という年代は、多くの研究者が現存する大陸地殻の主要な部分が形成されたと考える年代である。さらに海洋堆積物は、このようにしてでき上がった大陸地殻から供給された物質が海底に堆積したものであるから、主要な大陸形成年代より若い蓄積年代となるのは合理的であろう。

サブファクの廃棄物はマントル深部に不法投棄されてきたのではなかった。これらは、何十億年もの間マントルの底で熟成され、ホットスポットファクトリーの原料としてリサイクル、再利用されていたのだ(図4-1)。サブファクは、惑星地球の最大の特徴の一つである大陸をつくり出すとともに、深部マントルの化学的な進化に大きく貢献し、そしてホットスポットマグマの原材料としてリサイクルしてきたのである。

5
エピローグ――なぜこの惑星は地球なのか？

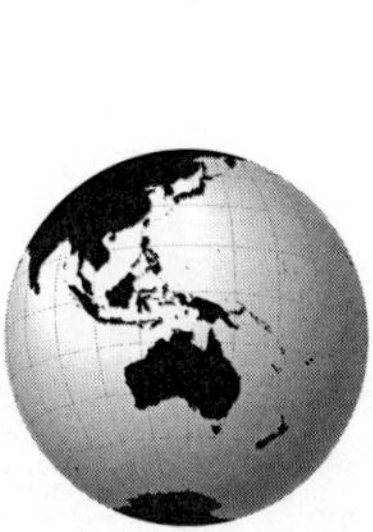

惑星地球のもつ最大の特徴の一つである大陸――その形成過程と当然の帰結である地球内部の物質循環について述べてきた。大陸がなぜ地球にだけ存在するのか？　この問いに対する究極の答えは、この星ではプレートテクトニクスが作動して沈み込み帯（サブファク）が存在し、そして沈み込みに伴って、いったん地球内部へもち込まれた水が触媒の役割を果たして、安山岩質のマグマを生産しているからである。

　では、なぜプレートテクトニクスが起こり、地球表層には水が存在し続けるのだろうか？　この本の最終章ではこの問題を考えてみることにしよう。もちろん、こんな大問題について、現時点で明快な答えを出すことは困難である。もっと地球の成り立ちやこれからのことを知るには、わたしたちは何をすればいいのだろうか？　このこともあわせて考えてみたい。

熱機関としての地球

第2章で説明したように、プレート運動は、ホットスポット密集域が上昇域、プレートの沈み込む場所が下降域に相当するマントル対流の一部である(図2-2)。では、なぜマントル対流が起こるのか? それは、地球の中心が表面に比べて五〇〇〇度以上も高温であることが原因だ。このような温度の不均質を解消すべく、地球の中心から表面へと熱が伝達されているのだ。

地球の内部に行くにつれて、温度が上がるであろうことは容易に想像できる。灼熱のマグマが地球内部から噴き出しているし、熱い温泉も湧き出している。では、地球内部の温度はどのようにして「測る」のだろうか? 掘削(ボーリング)を行ったときに、孔の中の温度を測定すると、おおよそ一〇〇メートルあたり二度程度の温度上昇が認められる。これが「地温勾配」とよばれるものだ。しかし、この地温勾配が地球のずっと深い所まで一定であるとは考えられない。なぜならば、もしこの温度の増加率が一定だとすれば、深さ一〇〇キロメートルでは二〇〇〇℃程度の温度となる。これではマントルはリキダス以上、つまり完全に溶融していることになる。しかし、実際はそうではなく、通常はこの深さのマントルはソリダス以下の温度にある、つまり部分融解もしていない完全な固体なのである。

現時点で最も確からしい地球内部の温度推定法は、地震波不連続面の深さと鉱物の相変化を比較する方法だ。第1章で解説したように、たとえばマントル内に存在する不連続面は圧力の変化に伴って、カンラン岩を構成する鉱物の構造や種類が変わることが原因である。一方で、高温・高圧実験の結果をもう少しくわしく見ると、たとえば六七〇キロメートル不連続面の原因となるスピネルからペロブスカイトへ変化する圧力は、温度によって変化することがわかる。つまり、この鉱物相の変化は温度依存性があるのだ。したがって、六七〇キロメートルの深さでこの相変化が起こっているとするならば、実験結果をもとにして、この深さでの温度を求めることができることになる。このようなデータなどを用いて推定した地球内部の温度分布を図5－1に示す。ここでは、プレート（リソスフェア）の厚さを五〇キロメートルとして、アセノスフェアとの境界の温度を一三五〇℃としている。この温度は、典型的な海嶺玄武岩が約一三〇〇℃の温度で約三〇キロメートルの深さでつくられることを満足するものである。また、四〇〇キロメートル、六七〇キロメートル不連続面の温度はそれぞれ、カンラン石－スピネル－ペロブスカイトの境界、二七〇〇キロメートルはペロブスカイト－ポストペロブスカイトの境界に相当するとしている。

　核の温度は、外核が溶融状態にあるとしてその融点を用いて求めている。この図では内核の温度は一定としてある。その理由は、内核は半径が小さく温度差はただちに解消されてし

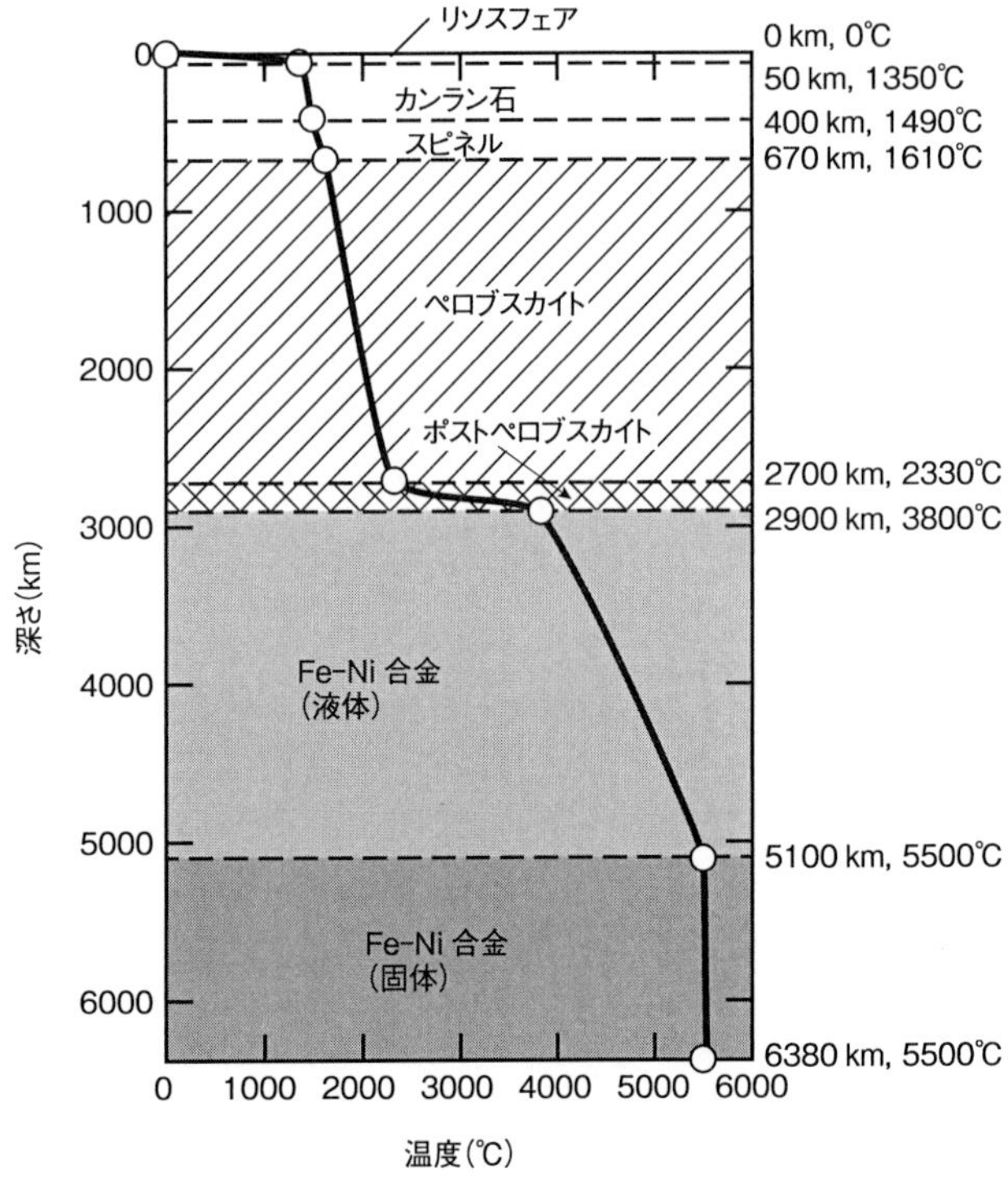

図 5-1　地球内部の温度分布

まうためである。一方で、核の温度についてはいろいろな不確定要素がある。その最大のものは、核の軽元素含有量である。地震波伝播速度から推定される核の密度は、鉄とニッケルのみからなる合金に比べて明らかに小さい。すなわち、密度を下げる軽元素が相当量(一〇%程度という説もある)含まれていないといけないのだ。ここで重要なことは、これらの軽元素は融点を下げる効果をもつことだ。また、このような軽元素の中には、たとえばカリウムのように放射崩壊熱を発するものも含まれているので、注意が必要だ。このようにまだ未解決の問題はあるものの、地表とマントルの底、地球中心との間にはそれぞれ約四〇〇〇度、五五〇〇度程度の大きな温度差が存在しており、この温度差を解消すべく熱の移動が起こっているのだ。

熱の移動様式には「対流」「伝導」「輻射(放射)」の三種類があることはよく知られている。しかし地球内部は吸収係数がきわめて大きく、輻射で熱が伝達されることはないと考えてよい。では地球体積の八割を占めるマントルでは、対流と伝導のどちらが熱移動を担っているのだろうか？　このことは、「レイリー数」とよばれる熱伝達に関する無次元数を調べることで予想することができる。レイリー数は、浮力とそれに抵抗する粘性の比で表され、この値がある限界値(臨界レイリー数は約七〇〇)以下では熱伝導が、それを超えると浮力が勝って対流によって熱が伝達される。マントル全体のレイリー数は少なく見積もっても10^5のオーダーであり、臨界レイリー数よりはるかに大きく、したがってマントル対流が起こることは確実である。

ではここで、マントル対流によって、地球はどれくらい効果的に冷却されているのか、つまり、熱機関としての地球のエネルギー収支を調べてみよう（図5－2）。地球から放出される熱量は比較的正確に見積もられており、陸域と海域を合わせて四六テラワットである。ここで地殻とマントルに注目すると、カリウムなどの放射性元素の崩壊熱は合計で約二〇（七＋一三）テラワット。放射崩壊は、熱機関地球の重要な熱源であることがわかる。また核からマントルへの熱移送量は、マントル最下部の熱境界層（D″層）における温度勾配と熱伝導度などに基づいて、もちろん相当の不確定要素はあるものの、約八テラワットと見積もられている。

この核からの熱の流れは、内核が結晶化する際に放出される潜熱や、外核の対流に伴う重力エネルギーの解放、それに地球形成時の熱エネルギー、核の中での放射崩壊熱によって賄われている。ここでは放射崩壊熱は、外核に放射性元素のカリウムが三〇〇ppm含まれるとして計算してある。しかし、先にも強調したように、核に含まれる軽元素量はまだよくわかっていない。さらに最近になって、前にも紹介したように、流体である外核の中で鉄の構造が変化するらしいことが明らかになってきた。もしそうだとすると、外核では対流が二層に分かれている可能性があり、このことは核の熱収支を考える上でも重要である。

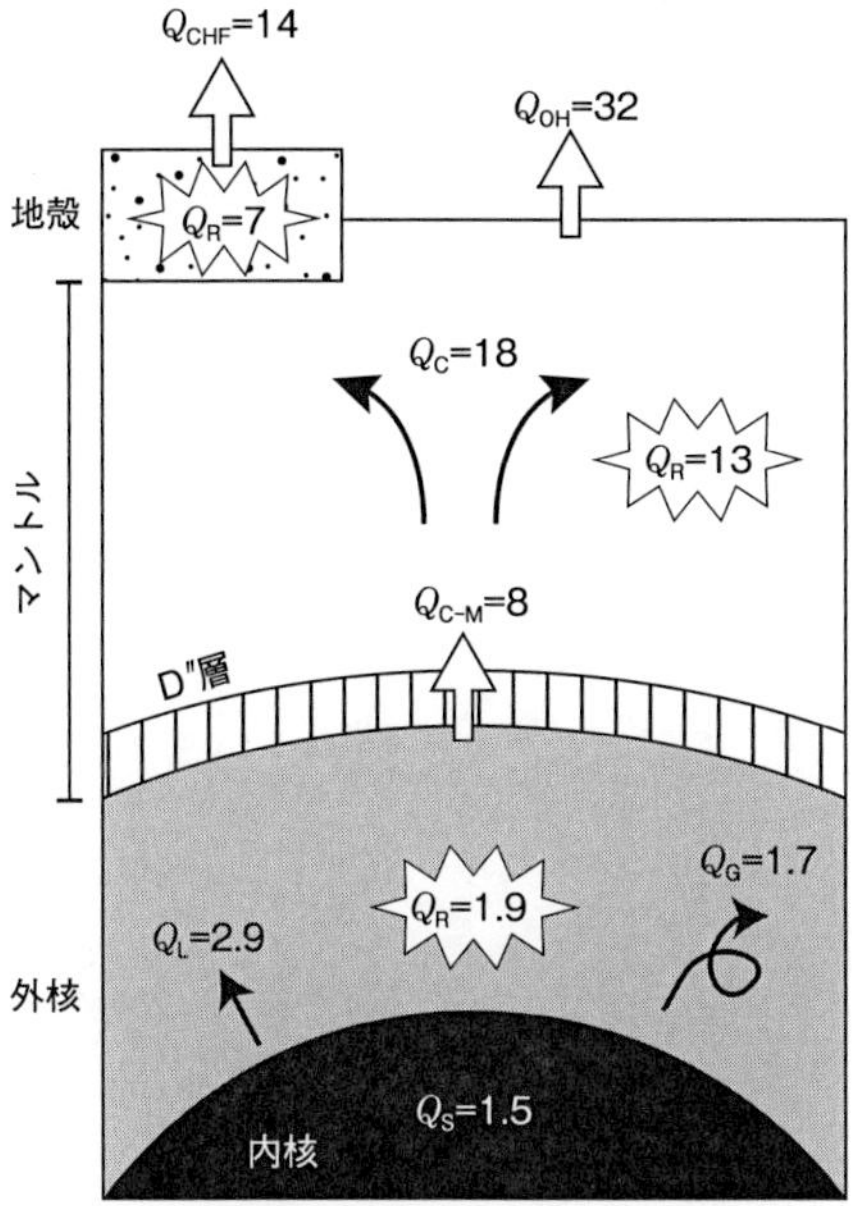

$Q_{CHF} + Q_{OHF} = Q_R + Q_C + Q_{C\text{-}M}$

Q_{CHF}：大陸域熱放出

Q_{OHF}：海洋域熱放出

Q_R：　放射性元素崩壊熱

Q_C：　マントル対流による冷却

$Q_{C\text{-}M}$：核からマントルへの熱移送
（$= Q_L + Q_G + Q_S +$ 核の Q_R）

Q_L：　内核結晶化の潜熱

Q_G：　対流に伴う重力エネルギーの解放

Q_S：　地球形成時の熱エネルギー

Q_{RC}：　外核での放射性元素崩壊熱

図5-2　地球のエネルギー収支（単位はテラワット＝TW＝10^{12}W）

いろいろな問題を今後さらに検討する必要があることは承知の上で、図５－２を眺めると、地表から放出される熱（一四＋三二＝四六テラワット）とマントルと地殻でのインプットの総量（七＋一三＋八＝二八テラワット）との差（一八テラワット）は、マントル対流による冷却を示すことになる。マントル対流は、地球の熱収支に大きな役割を果たしているのである。

マントル対流とプレートテクトニクス

地球型惑星の中で、金星と火星では現在でも火山活動が認められ、その内部は少なくともマントルの一部が溶融状態にある程度には高温である。つまり、これらの惑星でもマントル対流は起こっている可能性はある。しかし、太陽系の中でプレートテクトニクスが作動している惑星は、地球だけなのである。なぜこんなことが起こるのだろうか?

地球表面の平均温度は一五℃である。一方でマントルの底付近では、核から強烈に熱せられている熱境界層であるD″層より上でも、二〇〇〇℃を超える高温である(図5-1)。マントル対流の様式を支配するパラメータの一つである粘性は、このようなマントル内の温度に大きく依存する。ある深さで温度が一〇〇度下がると、マントル物質の粘性は一桁大きくなってしまうのだ。その結果、マントル内部では流体として振る舞い対流をしている岩石も、温度が低いと著しく大きな粘性を示し、剛体のように振る舞うようになる。剛体の部分はプレート(リソスフェア)、流体として振る舞う部分はアセノスフェアである。このようにして、地球型惑星の表面はプレートでおおわれるようになるのだ。

しかしこのままでは、プレートテクトニクスは作動しない。表面をおおうプレートがまるで硬い蓋のようになってしまい、対流が起こるのはマントル内部に限られてしまって、表層のプレートはまったく動かない（図5－3a）。このような対流様式は、不動蓋型対流とよばれる。この状態では火山活動は、現在の地球では巨大なホットスポット火山と同じように、マントル上昇流に伴って起こり、沈み込み帯の火山は存在しない。まさにこれは金星や火星で

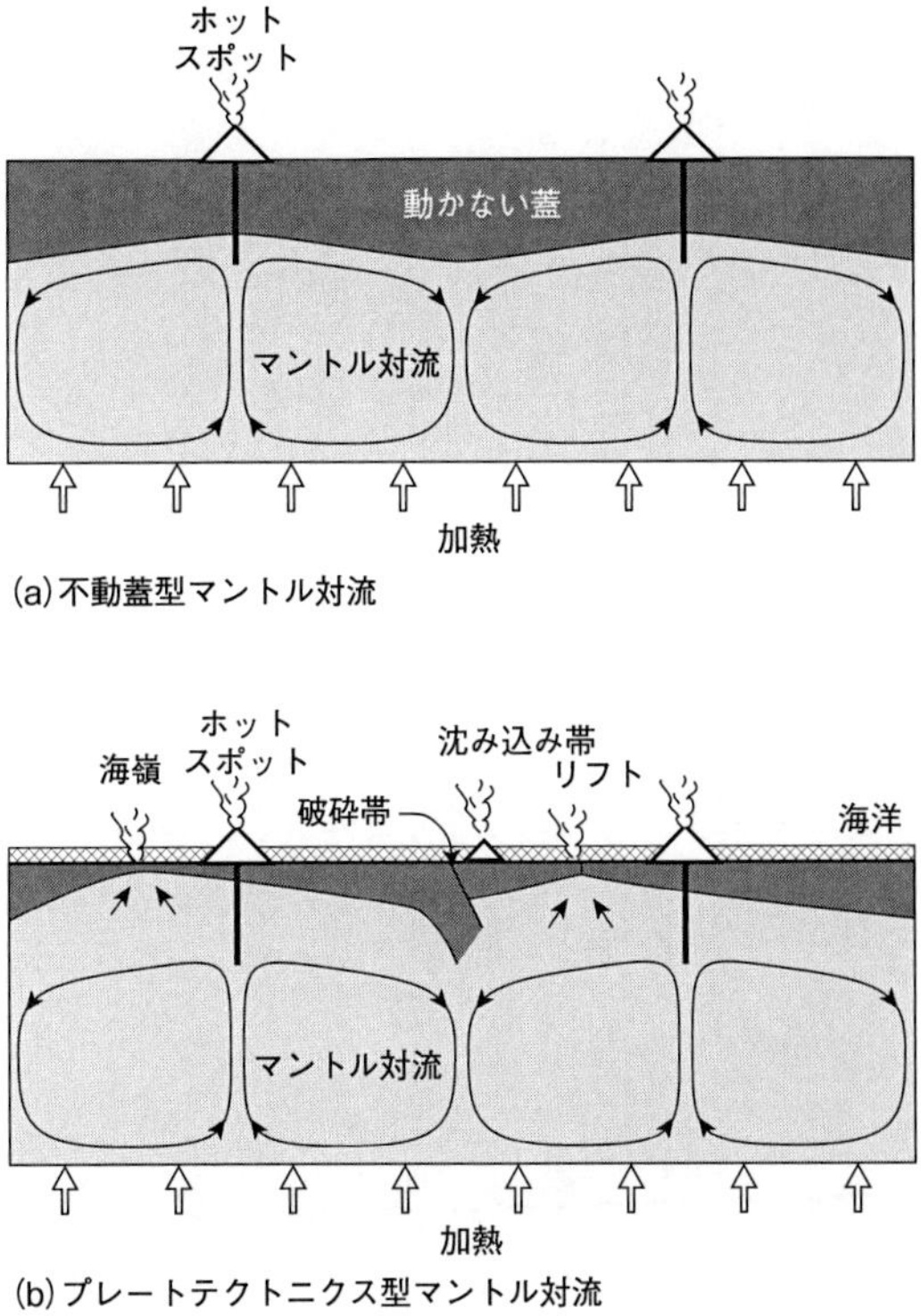

図 5–3　対流とプレートテクトニクス

起こっている現象だ。

ではどうすれば、図5－3bに示すような、プレートテクトニクスが始まるのだろうか？ プレートテクトニクスの原動力である沈み込みが起こるためには、ある部分のプレートが破壊されて、その破砕帯の摩擦が小さくなることで、プレートが沈み込めるようになることが必要だ。地球に特有なこの現象の原因はまだ解明されたとはいえないが、惑星表面に液体の水が存在していることが、大きく影響していると考えられる。なぜならば、岩石は水と反応して含水鉱物をつくったり、間隙水が存在すると、破壊されやすくなるからだ。また破壊が起こって形成された断層に関しても、水を含む断層面では摩擦係数も減少して滑りやすくなるのだ。

地球が水惑星であったからこそ、海水が入り込むことでプレートが割れやすくなり、プレートテクトニクスが作動する。そして、プレートテクトニクスによって海の中に大陸がつくられて、やがて陸惑星へと進化していったのだ。ではなぜ地球には、液体の水が存在し得たのだろうか？ この問題は次節でもう一度考えることにしよう。

もう一つ、マントル対流について重要なことを述べておこう。それは、三〇〇〇キロメートル近い厚さのマントルが一つの層として対流しているのではなく、上部マントルと下部マントルに分かれた二層対流をしていることだ。このような対流様式は、マントルの熱史を考える際に重要であるのは当然だが、その化学的進化を考察する上でも決定的に重要である。二層対流が起こることで、下部マントルは上部マントルで起こる地殻の形成などの化学的進化とは隔離されて、比較的始源的な組成を保っている可能性があるのだ。もちろん、サブファクの廃棄物は下部マントルまでもち込まれてはいるが、それもおそらく底に数百キロメートルの層をなしているに違いない。残りの大部分の下部マントルは、始源的である可能性が高い。

マントルで二層対流が起こる原因は、上部マントルと下部マントルの境界を規定するスピネル－ペロブスカイト境界が、負の勾配をもつことである。図4－4を今一度見ていただきたい。この図はプレートが上部マントルと下部マントル境界で対流することの説明に用いたものだが、まったく同じ論理で、上部マントルでの下降流が下部マントルへは及ばないこと、逆に、下部マントルの上昇流が上部マントルへは直接及ばないことを説明することができる。たとえば図4－4のプレートの温度変化は下降流を表しているが、六七〇キロメートル不連続面で周囲のマントルが密度の大きいペロブスカイトに変化しているにもかかわらず、低温の下降流の中ではまだ密度の小さいスピネルのままである。つまり、冷たいからこそ落下してきた下降流は、六七〇キロメートル不連続面で浮力を受け、もはや落下することができなくなるのだ。上昇流についてもまったく同じように考えることができる。読者自身で確認していただきたい。

なぜ地球は水惑星なのか？

宇宙空間の中で、生命が誕生・存続可能な領域をさす「ハビタブルゾーン」という言葉がよく使われるようになった。しかし実は、生命が誕生・存続する条件は厳密にはわかっていない。そこでここでは簡単のために、この条件と地球生命にとって必須である液体の水が存在することと同義に取り扱うことにする。するとハビタブルな惑星は、太陽系内では「雪線」の内側、つまり地球型惑星に限られる（図5－4）。さらに、少なくとも現在では地球以外の惑星に生命または液体の水の存在は確認されていないので、実質的には図に示すように地球のみがハビタブルゾーンに属していることになる。ではここで、地球以外の地球型惑星に液体の水が存在しない理由を考えてみることにしよう。

まず第一に、惑星が水惑星に成長するためには、惑星の原料としてのH_2Oが存在することが必要不可欠だ。地球型惑星の原料となったであろう炭素質コンドライトには数％程度のH_2Oが含まれていることが多い。したがって、地球型惑星に関しては、この条件は満たされていると考えてよい。また、水の特性を表す指標の一つである水素と重水素の比をみると、現在の地球の海水の値が1.56×10^{-4}であり、これは炭素質コンドライトの値とよく一致する。しかし一方で、H_2Oの起源をすべて炭素質コンドライトに求めることに躊躇する研究者もいる。彼らは惑星形成過程でH_2Oが原始太陽系円盤から直接凝縮した可能性を強調するのだ。今後さらに検討が必要な重大な問題の一つだ。

次に重要なことは、惑星表面の温度・圧力条件が、液体の水の存在に合致していることが必要だ。つまり温度が低ければH_2Oは氷となり、逆に温度が高ければ水蒸気になってしまう。

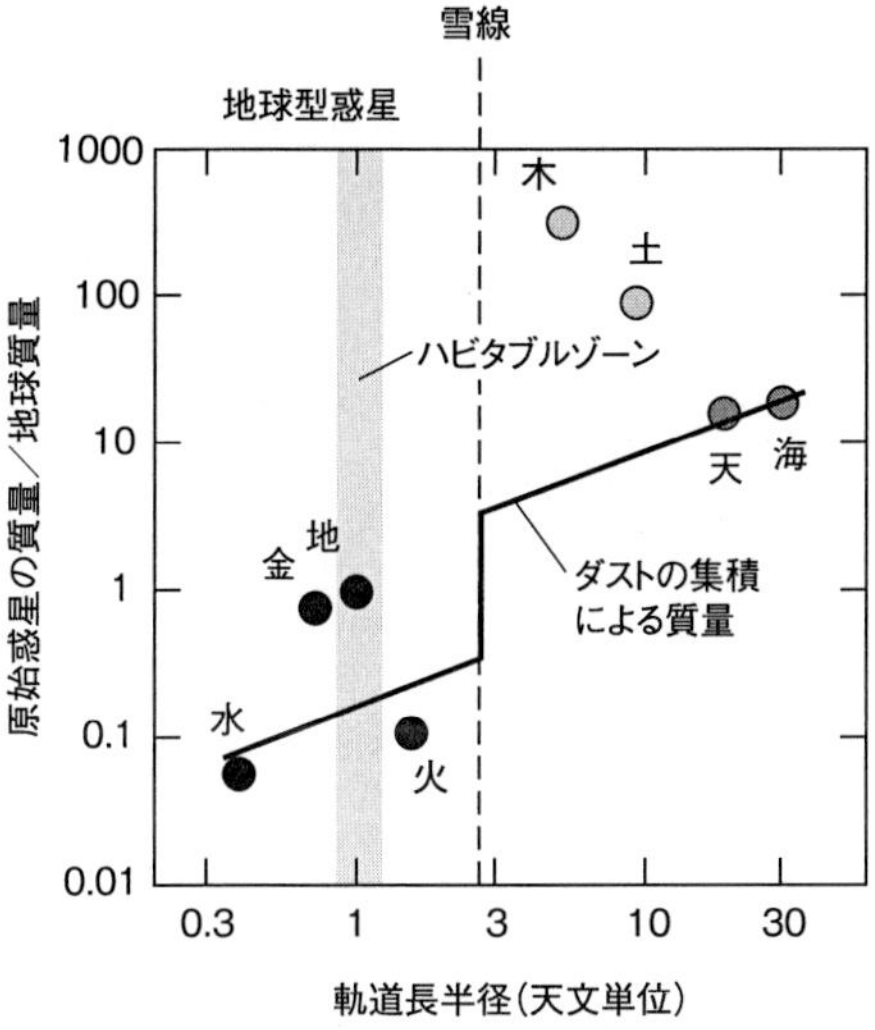

図5-4　惑星質量とハビタブルゾーン

惑星表面の温度は、基本的には加熱と冷却のバランスで決まっている。もしこのバランスのみを考えるならば、灼熱の太陽に近い水星や金星は強く加熱され、一方で火星は加熱が弱く温度が低くなり、これが水惑星であるかどうかを決定していることになる。しかし、この単純で明快に聞こえる説明は正しくない。なぜならば、たとえば現在の金星は厚い雲でおおわれているために太陽光の大部分を反射してしまい、太陽からの加熱は地球よりも弱いのである。一方で現在の金星表面は五〇〇℃近い高温状態であると考えられている。このような一見矛盾するような現象は、金星が地球に比べてはるかに二酸化炭素濃度の高い大気におおわれているために働く強い「温室効果」に原因がある。一方で金星大気にもかつては今よりはるかに多量の水が存在したといわれている。しかし、太陽から受ける強い紫外線の影響で水分子は水素と酸素に分解され、宇宙空間へ散逸してしまったらしい。つまり、金星が水惑星でない理由は、系外への散逸によってもともと水が少なかったこと、それに大気の温室効果で表面がきわめて高温で流体の水が存在しないことにある。惑星表面に液体の水が存在しないと、地球の海のように大気中の二酸化炭素を石灰岩などの炭酸塩として固定することができず、さらに温室効果が進行することになる。

では火星はどうだろう？　これまで火星には過去に海(液体の水)が存在したことを示すいくつかの証拠が挙げられている。つまり、太陽からの距離が大きいために寒冷すぎて、現在は水が存在しない火星でも、かつては大気の温室効果によって表面条件は液体の水の存在に適合していたのである。ある計算によれば、過去の火星に現在よりもはるかに(一〇〇倍以上)濃密な大気が存在していたとすると、十分な温室効果が働き、液体として水は存在していた可能性があるという。ここで重要なのは火星のサイズである。火星は地球や金星に比べるとはるかに質量が小さい。これは、太陽系形成時にダストの集積によって原始惑星が形成された、そのままの状態を火星は保っているためである（図５－４）。一方で地球がさらに大きく成長したのは、原始惑星同士の衝突（ジャイアント・インパクト）を経験したからである。このように質量が小さな火星では、大気を保持することができずに、その結果温室効果が失われてしまったと考えられている。

以上をまとめると、地球が水惑星であり続けたのは、太陽からの距離が適切であったこと、質量が大きく大気を保持できたことが大きな要因であるといえるだろう。

地球における水と炭素の分布

地球表層におおよそ三八億年前から液体の水が存在し続けたこと――これこそが、地球でプレートテクトニクスの作動を可能にし、その結果大陸がつくられた主要な原因である。つまり、地球という一つのシステムの中で水はその進化に決定的に重要な役割を果たしてきたのである。では、現在の地球では、水はどのように分布しているのであろうか？　この問題は今後の地球変動を考える上でも重要である。さらには、大気の組成や生命の発生・進化を考える上できわめて重要な元素である炭素についても考えておく必要がある。

もちろん「海」は、地球における巨大な水の貯蔵庫である。その量はおおよそ一・四エクサトン。エクサは10^{18}だ。そして海水は地表付近に分布する水の大部分を占めている（図５－５

a)。ところで、地球全体ではどれくらいの水が存在するのだろう。地球の原料となった炭素質コンドライトには、一五%もの水が含まれていることもある。もっともこれは極端な例であるが、少なく見積もっても一%程度の水は含まれていたに違いない。もしそうだとすれば、地球全体には六〇エクサトンもの水が存在することになる。海水量に比べて桁違いの量だ。もちろんこのすべてが現在の地球に残っているのではなく、相当量は宇宙空間へ散逸してしまったと考えられる。それでもなお、地球内部には相当量の水が存在する可能性はある。

地球内部では水はH_2Oではなく、水酸化物のOH^-として鉱物の中に含まれている。このような鉱物は含水鉱物とよばれる。これまでマントルに存在する可能性のある含水鉱物について、その安定領域や物性を推定する高温・高圧実験が盛んに行われてきた。これらの結果と地震波の解析などから得られたマントルの密度分布を合わせることで、大まかにではあるがマントル中の水の量を推定することができる。それによると、上部マントルには約四エクサトン、下部マントルにも一エクサトン程度の水が存在していると考えられる。海水の三倍以上もの水が地球内部に蓄えられているのだ(図5-5b)。

これほど多量の水がマントルに含まれているとすれば、一体どんな影響があるのだろうか？　水が及ぼすおそらく最も大きな影響は、マントル物質の融点を下げることであろう。前にも述べたように、水は鉱物の基本的構造単位であるケイ素と酸素のネットワークを切る

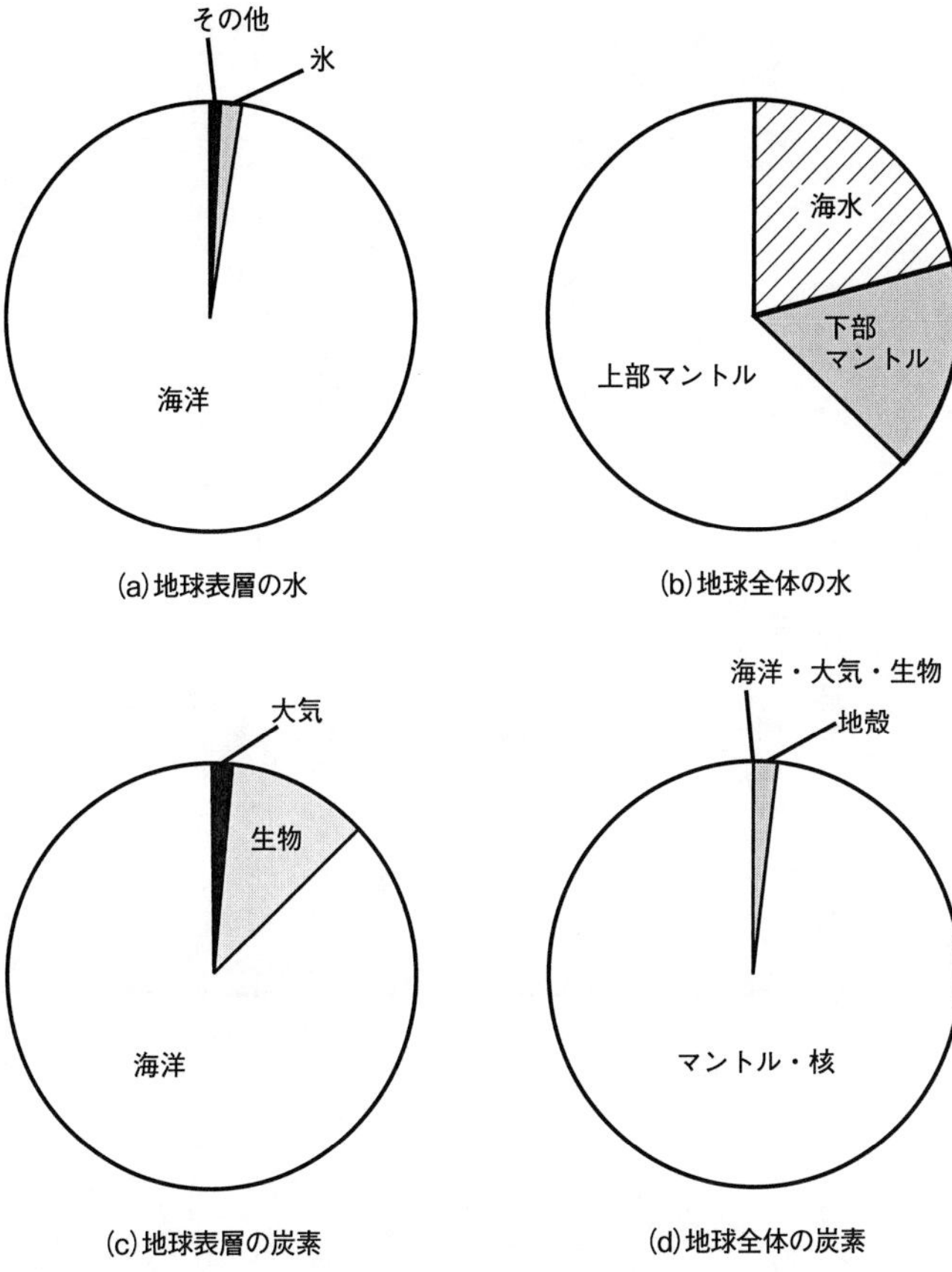

図 5-5　地球システム内の炭素と水

働きがあるためだ。融点が下がるということは、無水の場合に比べてはるかにマントル物質の融解が起こりやすくなることを意味する。したがって、マントル深部で大規模なマグマの発生が起こったり、規模は小さくとも、もっと頻繁に融解現象とマグマの移動が起こり、これの結果としてマントル物質の分化が進行してきた可能性がある。また、水が含まれることでマントル物質の粘性は著しく低下する。すなわち、マントルの表面と底の温度差が同じであったとしても、水の存在によって対流は活発になり、はるかに効率よく熱を運んできたはずだ。もしそうだとすると、地球は誕生時には、今推定されているよりももっと高温であったはずだ。

一方で炭素存在量はといえば、地球表層付近では、やはり海洋が最も大きな貯蔵庫であるが、有機物の集合体であるわたしたち生物も相当量の炭素を蓄えている(図5－5c)。地球内部の炭素量は、たとえば核に含まれる軽元素の濃度がよくわかっていないなど、不確定要素は多いが、それでも地殻・マントル・核を合わせると、地球炭素量の九九・九%を占めると考えられる(図5－5d)。地球内部の高圧条件で安定な炭素というと、すぐに思い浮かぶのはダイヤモンドである。天然の鉱物で最も硬度の高いこの鉱物は、おおよそ一五〇キロメートルより深い場所でのみ安定である。したがってこの鉱物は、高圧条件から急速に地表へもたらされるか、別の硬い鉱物が圧力容器の役割を果たして閉じ込めるなどの、特異な条件が整わないと、わたしたちは手にすることができない。一方で、地球内部で炭素の主要な貯蔵鉱物は、マントルの主要成分であるマグネシウムなどと結びついた炭酸塩鉱物である。この炭酸塩鉱物は、マントル最下部の超高温部を除けば、ほぼマントル全域で安定なのである。したがって、海洋プレートの沈み込みに伴って地球内部へもち込まれる炭素は、どんどん地球内部へ貯蔵することが可能なのである。

これまで、地球システムにおける「水循環」や「炭素循環」について、地表付近で最大の貯蔵庫である海洋と大気のやり取りについて多くの精密な研究が行われてきた。一方、ここで述べたように、地球内部には桁外れに多量の水や炭素が分布しているのである。そして、マントルは激しく対流しており、地球表層の炭素や水は地球内部へもち込まれ、そしてマグマ活動などに伴って再び地表へ流れ込んでいる。したがって、今後の地球の姿を調べていく上で、このような地球内部と表層の炭素・水のやり取りを理解することは本質的に重要であろう。さらには、これまでの地球史では、今わたしたちが観察している火山活動に比べて桁外れに大規模のものも確実に存在したのである。たとえば、古生代末の大量絶滅事件とほぼ同時期に起こったシベリア洪水玄武岩の活動や、白亜紀中期の温室期地球で起こった巨大な海底火山活動などがその例である。前者では約五〇〇万立方メートルのマグマが活動したといわれている。日本列島の七倍近い領域が、厚さ二キロメートルの溶岩でおおわれていることとになる。こんな超ド級のマグマ活動は、大量の炭素や水を地球内部から表層へもたらし、地球環境に大きな影響を与えた可能性がある。

あとがき

なぜ地球だけに陸と海があるのか？

この大問題に少しでもうまく答えを出そうと、最新の、そしておそらく最も確からしい大陸地殻の形成モデルを展開してきた。大陸は、地球表層に液体のH_2O、つまり海が存在することでプレートテクトニクスが作動し、その結果沈み込み帯で誕生したのである。もちろん、マグマオーシャンが冷え固まるときには、ある程度硬い「地面」も存在していたかもしれない。しかし、それは現在の地球を特徴づける大陸とは異なるものだったに違いない。さらに、大陸が成長する過程では、サブファクの廃棄物がマントルの底に蓄えられ、やがてそれはマントルプルームで地表へとリサイクルされ続けてきたのだ。地球は、なんとダイナミックなことを、平然と行い続けてきたのであろうか！

一方で、このようなストーリーを展開したわたし自身、一抹の不安が残っていることを白状しておこう。それは、そもそも「海で生まれる大陸」仮説の出発点となった、ＩＢＭ弧の中部地殻のことである。この部分が代表的な大陸地殻と同じ地震波伝播速度を示すことが、すべての始まりだった。毎秒六・五キロメートルというP波速度を示すという事実に対して、その物質が安山岩質の組成の岩石であるということは、決して唯一解ではない。もちろんわたしたちは、ほかの可能性についても相当しっかり検証して、その上で安山岩質の大陸地殻がIBM弧でつくられていることを確信はしている。

しかし、いくらCTスキャンやMRIで、精密かつ正確に病巣の様子を調べ上げても、やはり内視鏡や手術で実際に病巣を検査することが必要な場合も多いと聞く。わたしたちもまったく同じ状況にある。なんとかIBM弧の中部地殻まで辿り着いて、その岩石が、灰白色で、少し黒っぽい鉱物も点在する「安山岩質の深成岩（閃緑岩・トーナル岩）」であることを確認したい。「三段論法のお遊び」はどんどん続いて、遂には全マントル規模のリサイクルにまで発展してしまったのだから。

IBM弧の地下構造データを眺めると、海底下「わずか」数キロメートル掘り進むことができれば、中部地殻に到達することは確かである。こうなれば、わたしたちには最強の相棒がいるではないか！　日本が世界に誇る地球深部探査船「ちきゅう」だ。彼女は、水深二五〇〇メートル以内であれば、海底下七〇〇〇メートルの掘削能力をもっているのだ。わたしたちは世界中の研究者と共同して、プロジェクトIBMの総仕上げを行おうと準備を進めている。掘削地点もほぼ絞り込むことができた。果たして数年後、海底下数千メートルから回収された中部地殻は、予想通り白っぽい岩石なのであろうか？

ここで紹介した研究成果の多くは、ＪＡＭＳＴＥＣ地球内部ダイナミクス領域のみなさんとの共同研究の成果である。最後になりましたが、これほどまでにワクワクするような研究を、一緒にやってくださったみなさんに感謝したいと思います。また、岩波書店の猿山直美さんには、企画段階から大変お世話になりました。ありがとうございました。

■岩波オンデマンドブックス■

岩波科学ライブラリー 191
なぜ地球だけに陸と海があるのか
——地球進化の謎に迫る

2012年3月15日　第1刷発行
2013年5月15日　第2刷発行
2019年11月8日　オンデマンド版発行

著　者　巽《たつみ》 好幸《よしゆき》

発行者　岡本　厚

発行所　株式会社 岩波書店
〒101-8002 東京都千代田区一ツ橋2-5-5
電話案内 03-5210-4000
https://www.iwanami.co.jp/

印刷/製本・法令印刷

ISBN 978-4-00-730953-3　Printed in Japan